Digitale Modellbahn selbstgebaut

Gustav Wostrack studierte im Rahmen seiner Tätigkeit als Zeitsoldat Elektrotechnik (Schwerpunkt Nachrichtentechnik), danach folgte sein Studium der Informatik mit Schwerpunkt Linguistik mit anschließender Tätigkeit als Projektleiter für große IT-Projekte bei der Bundeswehr. Seit 2016 ist er pensioniert. Nebenberuflich befasst er sich intensiv mit Mikroprozessoren und deren Anwendung, insbesondere bei seinem zweiten Interessengebiet, der Modelleisenbahn.

Gustav Wostrack

Digitale Modellbahn selbstgebaut

CANguru-Steuerung mit ESP32 in Arduino-Umgebung

Gustav Wostrack

Lektorat: Gabriel Neumann
Lektoratsassistenz: Anja Weimer
Copy-Editing: Petra Kienle, Fürstenfeldbruck
Satz: G&U Language & Publishing Services GmbH, Flensburg, *www.GundU.com*
Herstellung: Stefanie Weidner
Umschlaggestaltung: Helmut Kraus, *www.exclam.de* (unter Verwendung eines Fotos des Autors)
Druck und Bindung: mediaprint solutions GmbH, 33100 Paderborn

Bibliografische Information der Deutschen Nationalbibliothek
Die Deutsche Nationalbibliothek verzeichnet diese Publikation in der Deutschen Nationalbibliografie; detaillierte bibliografische Daten sind im Internet über *http://dnb.d-nb.de* abrufbar.

ISBN:
Print: 978-3-86490-711-1
PDF: 978-3-96088-905-2
ePub: 978-3-96088-906-9
mobi: 978-3-96088-907-6

1. Auflage 2020

Wieblinger Weg 17
69123 Heidelberg

Hinweis:
Der Umwelt zuliebe verzichten wir auf die Einschweißfolie.

Schreiben Sie uns:
Falls Sie Anregungen, Wünsche und Kommentare haben, lassen Sie es uns wissen: hallo@dpunkt.de.

5 4 3 2 1 0

Inhalt

E Einführung

Warum denn, bitteschön, »CANgurus«?

Kängurus sind bekannt. Sie leben vornehmlich in Australien und werden – dort, wo sie ihren Lebensraum haben – häufig als Plage empfunden. Das mag subjektiv auch so sein, wenn sie mehr schaden als nutzen.

Ganz anders ist es mit den CANgurus.

Hinter diesen CANgurus verbergen sich elektronische Module für Modelleisenbahnen, also Decoder, wie Weichendecoder oder Gleisbesetztmelder, die über den CAN-Bus gesteuert werden bzw. dessen Format benutzen.

CANgurus leiten ihren Namen von der Nutzung des CAN-Busses ab.

Diese Module sind so einfach aufgebaut, dass es jedem, der bereits einmal einen Lötkolben in der Hand hatte, nicht schwerfallen dürfte, sie nachzubauen. Diese einfachen Module entpuppen sich schnell als die kleinen Helferlein auf der Modelleisenbahn. Sie sind nur von den Ausmaßen her klein. Ihre Funktionalität ist genau das Gegenteil. Vor allem ist ihr Innenleben vollkommen offengelegt.

Bei einem Hobby ist häufig auch der Weg gleichbedeutend mit dem Ziel. Insofern wird hier die Klientel angesprochen, die primär Freude am elektronischen Basteln hat, am Ende aber auch nicht traurig ist, wenn das fertige Werk funktioniert und noch weitere Freude bereitet. Wenn also ein wenig elektronisches und computertechnisches Verständnis vorhanden ist, ist dieses Buch das richtige für Sie. Es ist nicht nur eine Beschreibung, die man bestaunen kann, sondern auch eine, die wahrscheinlich Lust aufs Nachbauen macht und diese dann auch befriedigen kann.

In diesem Buch erfahren Sie alles, was notwendig ist, um diese kleinen Komponenten aufzubauen und nutzbringend auf Ihrer Modellbahn einzusetzen. Mit dem Wissen haben Sie zudem das Rüstzeug, eigene Funktionen zu entwickeln und sie auf Ihre eigenen Bedürfnisse anzupassen.

Das Buch ist auch für denjenigen interessant, der noch keine Modellbahn besitzt. Ziel dieses Buchs ist es nämlich außerdem, den Leser beim Aufbau einer digitalen Modelleisenbahn zu führen. Dabei liegt allerdings der klare Schwerpunkt auf dem digitalen Anteil, also allem, was zur Steuerung des rollenden Materials notwendig ist. Natürlich müssen Lokomotiven wunschgemäß fahren, aber ebenso werden Weichen oder Signale geschaltet. Damit das Ganze noch etwas mehr Freude bereitet, gibt es weitere Spaßmacher, beispielsweise der Kamerawagen, der uns ganz neue Einblicke in die Anlage verschafft. Der Aufbau der Anlage und deren »Begrünung« laufen parallel zu dem der Elektronikwelt ab. Dabei muss der Aufbau der Modellbahn warten, wenn Digitalkomponenten gebaut werden, die zum Weiterbau notwendig sind. Dieses Buch erklärt Details für den Aufbau nur so weit, wie das zum Gesamtverständnis notwendig ist.

Im Laufe der einzelnen Kapitel wird der Leser nahezu alle Komponenten, die zur Steuerung einer Bahn notwendig sind, kennenlernen und aufbauen. Das bedeutet: Die Hardware wird gelötet und die Software wird aufgespielt. Wer für das Erstellen der Programme keine Zeit oder keine Lust hat, kann die vorhandenen Programme so nehmen, wie sie angeboten werden. Dieser Weg schränkt natürlich die Möglichkeit ein, die Komponenten eigenen Vorstellungen anzupassen oder zu neuen Funktionalitäten weiterzuentwickeln. Auch das Löten ist nicht zwingend erforderlich, denn einige Komponenten können mit wenig Aufwand ohne Lötkolben auf kleinen Breadboards in wenigen Minuten aufgebaut werden. Doch davon später mehr.

Zwei Komponenten werden fertig gekauft: die Märklin-Gleisbox und ein Steuerungsprogramm für den Windows-PC. Ich habe mich bereits vor langer Zeit für Win-DigiPet entschieden, wovon die zwar kostengünstige, aber dennoch komfortable »small-Version« ausreichend für unsere Zwecke ist.

Alle Quellen sowie einige weitere Dokumente können bei *https://github.com/CANguru-System* heruntergeladen werden.

1 Das Buch für den motivierten Modelleisenbahner

Wie ist das Buch aufgebaut?

Das Ziel dieses Buchs ist eine funktionierende digitale Modellbahn. Nicht als Blackbox, von der man nicht so genau weiß, warum sie eigentlich funktioniert. Folgen Sie den Anleitungen dieses Buchs, kennen Sie am Ende – wenn Ihnen das wichtig ist – jedes Detail. Dabei sind die Wege dorthin vielfältig. Dies drückt sich bereits in der Kapitelstruktur aus. Ein Kapitel – nämlich dieses – sollte von allen gelesen werden. Andere sind nur für diejenigen interessant, die sich bei der Beschreibung des Adressatenkreises in der Kapitelüberschrift angesprochen fühlen. So ist das zweite Kapitel dem Bastler gewidmet und beschreibt recht ausführlich, wie die Decoder und parallel dazu die Anlage aufgebaut werden. Man könnte auch sagen, dieses Kapitel ist der Schwerpunkt des Buchs. Das darauffolgende Kapitel erklärt, wie das alles funktioniert. Dafür werden nur wenige Grundlagen benötigt. Dieser Teil ist für denjenigen, der auch mal selbst ein Stück Software erstellen will, von herausragender Bedeutung. Wer einfach nur basteln will, muss es nicht zwingend lesen. Denn man kann das Ziel erreichen, auch ohne das letzte Detail der angewandten Technik auch wirklich durchdrungen zu haben. Dann folgt der Teil, der für den Nutzer – meinetwegen auch den Spieler – wichtig ist. Hier steht nämlich, wie die Anlage zu bedienen ist. Schließlich will man nach dem vielen Schweiß, den das Aufbauen gekostet hat, durch intensives Spielen mit der Anlage auch etwas Freude genießen.

Doch genug der Vorrede. Los geht's.

Ziele der Entwicklung

Bevor ich mit der eigentlichen Entwicklung der Decoder begonnen habe, gab es bereits eine längere Phase, in der ich Überlegungen anstellte, was meine Decoder leisten können sollten und welche Randbedingungen dabei Berücksichtigung finden sollten. Das führte zu den folgenden Entwurfskriterien.

- **Do It Yourself**

  Die Digitalanteile einer Modellbahn kann man komplett aufgebaut und getestet in den einschlägigen Geschäften kaufen. Da geht man kein Risiko ein.

  Aber ist es das, was wir wollen?

  Wollen wir wirklich nur alles zusammenstecken und dann zuschauen, wie die Bahn ihre Runden dreht?

  Ich denke, die Antwort lautet: Nein.

  Die richtige Freude kommt doch erst auf, wenn man den Dingen selbst das Leben eingehaucht hat. Früher gab es Menschen, die an den Vergasern ihrer Autos geschraubt haben, obwohl die Motoren schon ganz gut liefen. Es hat ihnen einfach Freude bereitet. Und solche Menschen sind auch die *Maker* von heute. Sie haben einfach Freude am Werkeln, Ausprobieren und Entwickeln und wollen sehen, wie sich die eigenen Gedanken in Taten umsetzen lassen. Wenn Sie etwas davon im Blut haben, dann sind Sie hier richtig.

- **Einfach**

  Eine Modellbahn fliegt nicht zum Mond und die Menschen, die sie aufbauen, sind auch keine Raketenwissenschaftler. Natürlich wird hier ein gewisses, wenn auch begrenztes technisches Verständnis vorausgesetzt. Deshalb müssen die eingesetzten Komponenten einerseits eine hohe Funktionalität aufweisen, andererseits dürfen sie dafür aber nur wenige Bauelemente mit überschaubaren Abläufen benötigen. Hinzu kommt, dass durch den massiven Einsatz von drahtlosen (WLAN-ähnlichen) Verbindungen der Aufbau insbesondere hinsichtlich der notwendigen Leitungen drastisch vereinfacht wurde.

- **Kostengünstig**

  Das Hobby Modellbahn ist nicht gerade billig. Das rollende Material, insbesondere die Lokomotiven, schlägt doch recht heftig zu Buche. Deshalb sollte die Elektronik nicht auch noch teuer sein. Aus diesem Grund stand die Kostenfrage immer im Mittelpunkt der Überlegungen, stets nach dem Motto »Viel Leistung für wenig Geld«. Gut, die Hardware muss immer noch käuflich erstanden werden, aber bereits bei der Software machen wir intensiv von kostenlosen Angeboten Gebrauch. So werden wir uns der notwendigen Entwicklungshilfsmittel kostenfrei bedienen.

- **Wiederverwendbar**
  Die meisten Komponenten sind so modular aufgebaut, dass sie mit überschaubaren Änderungen für andere Zwecke nutzbar sind. So kann beispielsweise das Weichenmodul mit geringen Modifikationen der Software auch zur Ansteuerung von Formsignalen genutzt werden.
- **Kompakt**
  Wo immer es möglich ist, wurden Komponenten mit hoher Packungsdichte eingesetzt. So wird für das Herzstück der vorgestellten Module nicht ein einzelner Prozessor, sondern ein Modul verwendet, das bereits ein CAN-Interface sowie eine Ethernet-Komponente aufweist (ESP32-EVB). Wegen der bereits dadurch bereitgestellten hohen Funktionalität sind nur noch wenige weitere Bauteile notwendig, um auf einer kleinen Platine oder alternativ auf dem Breadboard ein vollständiges Modul aufzubauen.
- **Kompatibel**
  Durch den konsequenten Einsatz des Märklin-CAN-Protokolls lassen sich die hier vorgestellten Komponenten auch mit anderen käuflichen Modulen verwenden, die auf dem gleichen Prinzip beruhen.

Indem wir diese Entwicklungsziele verfolgen, stellen wir sicher, dass für den Bau und den Einsatz der CANguru-Komponenten keine vertieften Kenntnisse notwendig sind. Wenn ein Abschnitt einmal zu kompliziert scheint, um ihn ganz zu verstehen, gehen wir einfach über solche Stellen hinweg und kommen dennoch weiter zurecht.

Die aufgeführten Ziele lassen sich nur erreichen, wenn ein höchst leistungsfähiger Mikroprozessor kostengünstig zur Verfügung steht. Es ist der ESP32 von der Firma Espressif.

Abb. 1–1 *Der ESP32 ist auf diesem Modul verbaut.*

Allerdings verbauen wir nicht diesen Chip direkt, sondern wir kaufen ihn auf einer kleinen Platine, die alle zum Betrieb notwendigen Bauelemente bereits mitbringt. Dies erleichtert den Aufbau der Module immens.

Big Picture

Bislang wurde schon viel über die Komponenten geredet. Um welche Komponenten handelt es sich eigentlich bzw. wie hängen sie zusammen?

Beide Fragen werden anhand der folgenden Grafik beantwortet.

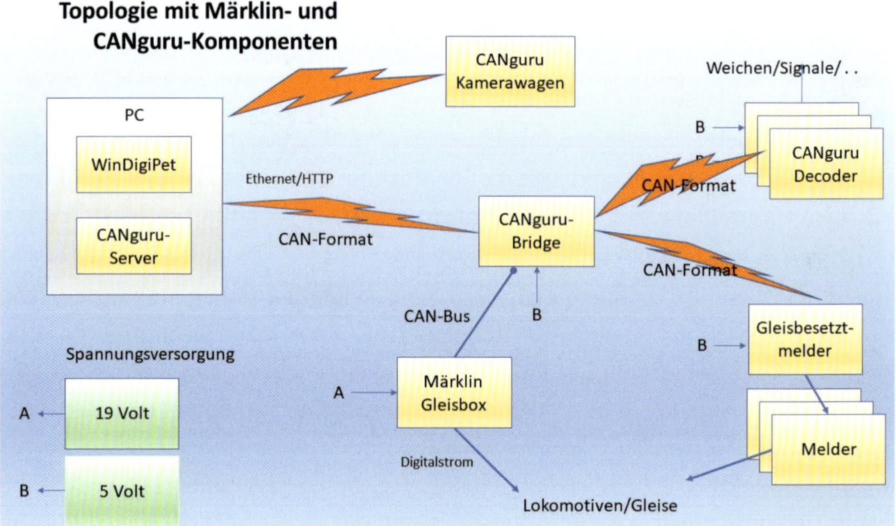

Abb. 1–2 *Das CANguru-System im Überblick*

Der Dreh- und Angelpunkt des Systems ist die CANguru-Bridge.

Sie verbindet die Steuerungssoftware Win-DigiPet auf dem PC mit den Modellbahnkomponenten.

Demnach werden alle Befehle, die der Nutzer über die Steuerungssoftware an die Loks, Weichen oder Signale gibt, über das Ethernet an diese Komponente geleitet, dort ggf. angepasst und an das zuständige Modul kommuniziert. Dies sind u. a. Änderungen an einer Weichen- oder Signalstellung oder der Geschwindigkeit der Loks. Somit werden auch alle Befehle, die den direkten Fahrbetrieb betreffen, von hier an die Märklin-Gleisbox geführt. Dafür werden die zugehörigen Befehle im CAN-Format von dem Steuerungsprogramm auf dem PC über das Ethernet dann mithilfe dieser Komponente auf einen physikalischen CAN-Bus gelegt und an die Gleisbox geleitet. Dort wird dann das entsprechende Signal erzeugt und über das Gleis an die Lokomotiven geführt.

Abb. 1–3 *Dieses Gasthaus spielt später in der Modellbahnanlage eine herausragende Rolle.*

Für die Stromversorgung der Decoder gibt es lediglich eine zentrale Stelle, die eine Spannung von 5 Volt zur Verfügung stellt. Dies ist dann auch die einzige eingehende Leitung an die Decoder. Das reduziert die zu verlegenden Leitungen wiederum. Dadurch führen beispielsweise zum Servodecoder (zur Steuerung der Weichen oder Signale) lediglich zusätzlich die Kabel für die einzelnen Servos. Alle notwendigen Infos kommen über die Luftschnittstelle zum Decoder. Dies ist noch ein Beitrag zur Übersichtlichkeit und damit werden mögliche Fehler durch falsche Beschaltung reduziert.

Die Bridge nimmt aber auch Informationen aus dem Modellbahnsystem auf und leitet sie an das Steuerungsprogramm weiter. Dies sind insbesondere Rückmeldungen, also die Information, dass ein Zug eine bestimmte Stelle im Gleisbild erreicht bzw. passiert hat. Diese Information wird durch Gleisbesetztmelder erzeugt.

Beim Anmeldeprozess einer mfx-Lokomotive werden Daten erzeugt, die nicht direkt an das Steuerungsprogramm, sondern dieses Mal an den CANguru-Server weitergeleitet werden. Warum an diese PC-Komponente? Die Antwort lautet, dass diese Informationen zunächst noch weiterbearbeitet werden müssen. Dafür ist ein Mensch-Maschine-Interface notwendig. Und um es kurz zu machen: Alle Aktivitäten, die eine Nutzereingabe zur Verwaltung des Systems benötigen, werden über dieses Modul, den CANguru-Server, vorgenommen.

Im oben abgebildeten Schaubild sind als Decoder lediglich diejenigen für die Weichensteuerung sowie die Gleisbesetztmelder eingezeichnet. Darüber hinaus gibt es weitere Decoder, die die Modellbahn interessant machen: einer, der die Formsignale steuert, einer, der das LED-Signal bedient, und, um nur noch einen zu nennen, natürlich ein Lichtdecoder mit vielen Funktionen.

Das folgende Bild zeigt die Minimalausstattung, die man zum Betrieb einer einfachen Anlage benötigt.

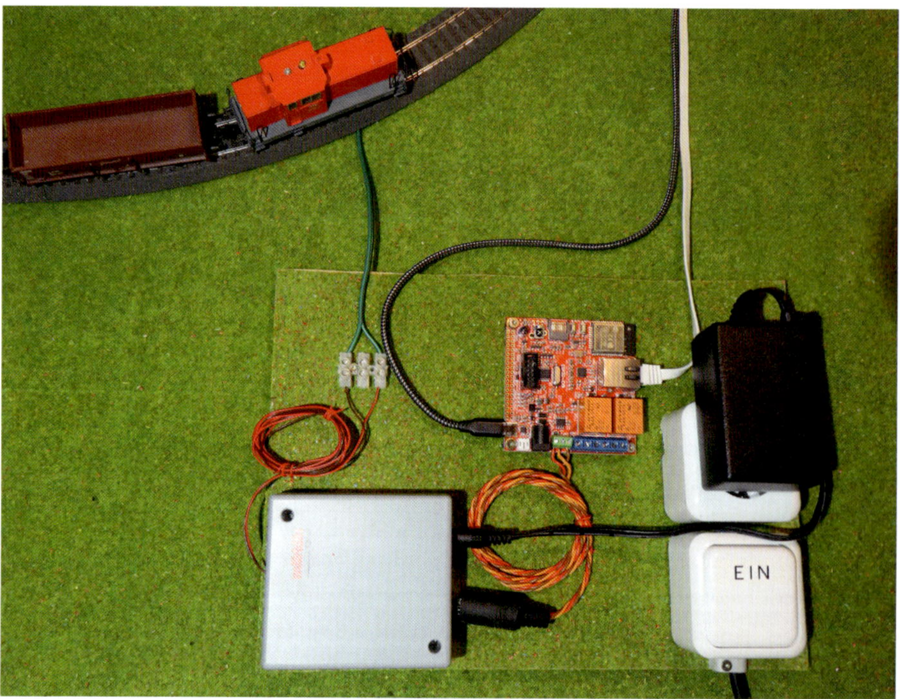

Abb. 1–4 *Die Minimalversion quasi als CANguru-Kernsystem*

Neben der Gleisanlage und dem rollenden Material sind es die vier Komponenten am unteren Rand. Rechts erkennt man die oben schon angeführte Märklin-Gleisbox mit Netzteil. Daneben liegt die CANguru-Bridge. Sie hat drei Anschlüsse, den USB-Anschluss, der die Platine mit Strom versorgt, sowie ein Ethernet-Kabel. Dieses Kabel stellt die Verbindung zwischen Gleisanlage und PC her. Der dritte Anschluss führt zur Märklin-Gleisbox. Über dieses Kabel laufen alle für die Loks relevanten Informationen im CAN-Format. An die Gleisbox ist weiterhin die Gleisanlage angeschlossen. Damit schließt sich der Kreis vom PC über das ESP32-Modul, dann die Gleisbox und schließlich die Gleise mit den Loks.

Für die Programmierung der Software für die Decoder nutze ich die weit verbreitete Programmiersprache C++ und die kostenlos erhältliche Programmierumgebung Visual Studio Code mit dem Aufsatz PlatformIO. Und um das Rad nicht jedes Mal neu erfinden zu müssen, setze ich wo immer möglich Makros und Bibliotheken aus der Arduino-Welt ein.

Die Modellbahnanlage

Wie beschrieben ist es das Ziel des Buchs, den Leser beim Aufbau einer digitalen Modellbahn zu begleiten. Zwar liegt der Schwerpunkt nach wie vor auf den digitalen Aspekten, doch es soll auch eine Modellanlage aufgebaut werden, in die zu gegebener Zeit die entwickelten und zusammengelöteten Komponenten integriert werden. Alle Einzelheiten werden später noch dargeboten, deshalb hier nur ein Blick auf den Gleisplan.

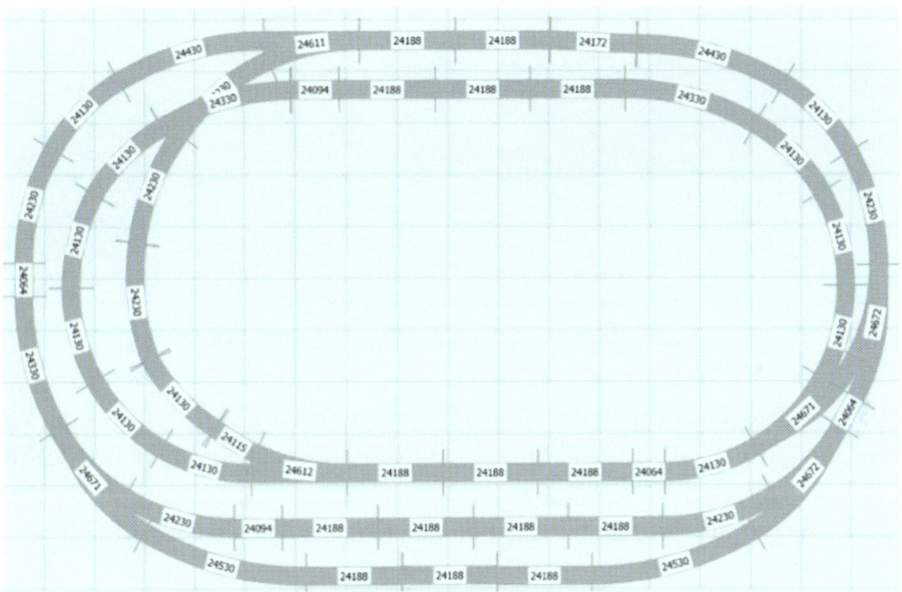

Abb. 1–5 *Der Gleisplan unserer Modellbahn*

Zugegeben, der Plan ist übersichtlich. Er erlaubt aber dennoch vielfältige Spielmöglichkeiten. Das ist wichtig, da wir nicht nur eine fertige Anlage abliefern wollen, sondern unter Zuhilfenahme des Steuerungsprogramms Win-DigiPet auch einen vollautomatisierten Spielablauf.

Doch damit wir bei allen Details nicht den Überblick verlieren, schreiben wir im nächsten Abschnitt auf, was diese Anlage leisten soll und wie die Randbedingungen dafür aussehen.

Die funktionale Leistungsbeschreibung

Wenn man ein Haus baut, dann hat es sich bewährt, dass man vorab einen Plan erstellt, eine detaillierte Zeichnung.

Abb. 1–6 *Dieses Modellhaus spiegelt den Charakter unserer Modellanlage gut wieder.*

Den Grundriss, den man für das Haus wählt, wägt man sorgsam ab. Dabei spielen diverse Aspekte eine Rolle. Wichtig ist natürlich die Anzahl der Personen, die in dem Haus wohnen sollen, ebenso wie die zur Verfügung stehende Grundfläche. Analog dazu wollen wir auch bei der Planung und Realisierung unserer Modellbahn vorgehen.

Zunächst erstellen wir eine Beschreibung, was die Modellbahn alles leisten soll. Wir werden uns natürlich nicht auf die Bemaßung beschränken, sondern auch auflisten, welche Handlungsabläufe mit der Bahn möglich sein sollen. Wichtig ist in diesem ersten Schritt, dass wir noch nicht zu technisch sind, sondern uns auf die Funktionen beschränken. Beispielsweise soll erkannt werden, dass ein Zug eine bestimmte Stelle auf der Anlage passiert hat, damit daraufhin ein Signal umgestellt werden kann.

Weil in dieser Beschreibung die Leistung der Bahn anhand ihrer Funktionen gezeigt wird, nennen wir das Ganze »funktionale Leistungsbeschreibung«. Anschließend werden wir dieser Beschreibung die Anforderungen an die einzelnen Komponenten entnehmen und dann in den späteren Kapiteln verfeinern. Zum Schluss nehmen wir uns wieder die funktionale Leistungsbeschreibung vor und schauen, ob wir alle gewünschten Funktionen auch tatsächlich realisiert haben. So sollte eigentlich nichts verloren gehen und die Bahn alles leisten, was wir am Anfang aufgeschrieben haben.

Also los geht's!

Die Bahn soll mit Märklin C-Gleisen aufgebaut werden. Auf der Bahn sollen sowohl normale digitale Wechselstromlokomotiven als auch mfx-Loks fahren können.

Der Platzbedarf sollte das Maß von 1,20 m x 1,80 m nicht überschreiten. Die Bahn soll weiterhin enthalten: mindestens eine Brücke, Modellierung in einem hügeligen Gelände mit einem echt wirkenden Hintergrund, einen Tunnel, einen tatsächlichen Bahnhof sowie möglichst mittig Platz für eine kleine Stadt, deren Häuser beleuchtet sein sollen, mehrere (vielleicht vier bis sechs) Weichen, längere gerade Strecken, mehrere Signale (am liebsten Formsignale, vielleicht auch ein oder zwei Lichtsignale).

Der Aufbau soll unkompliziert sein, sowohl was den mechanischen Aufbau als auch was die Verdrahtung anbelangt. Natürlich muss sie zuverlässig sein, damit möglichst keine Unfälle zu beklagen sind. Eine komfortable Steuerung der Bahn soll vom PC aus geschehen. Dabei soll die Programmierung automatischer Fahrtabläufe in einfacher Form umsetzbar sein, Die Steuerung der Bahn soll natürlich mit digitalen Komponenten umgesetzt werden, die auch die Bastelkasse nicht allzu sehr belasten.

Den Folgekapiteln werden wir nun die jeweiligen relevanten Anforderungen voranstellen, in der Hoffnung, dass nichts verloren geht. Dies betrifft vornehmlich das Kapitel, das sich mit dem Aufbau der Anlage beschäftigt.

2 Jetzt bauen wir endlich

Da sind wir als Bastler gefragt

Oder der interessante Weg zur digitalen Modellbahn.

Schon in der Bibel hat die Erschaffung der Welt sieben Tage gebraucht. Daran wollen wir uns bei dem Aufbau der Modellbahn orientieren. Dabei darf die Zeiteinheit »Tag« nicht allzu wörtlich genommen werden. Einige Schritte gehen schnell, andere erfordern doch einiges an Aufwand.

In jedem der Abschnitte geht es auf beiden Pfaden, einmal der Realisierung der Anlage und andererseits dem Aufbau der Elektronik und der Decoder, einen Schritt weiter. Der Aufbau der Anlage schreitet immer nur so weit fort, wie die bis dahin erstellte Digitalelektronik integriert werden kann. So wird beispielsweise der Gleisaufbau erst dann abgeschlossen, wenn die Gleisbesetztmelder entwickelt und die zugehörigen Anschlüsse an den Gleisen angebracht sind. Analog verhält es sich mit der Eingabe in das Steuerungsprogramm Win-DigiPet.

Bevor wir aber in die Materie einsteigen, stellen wir die wichtigsten Elemente der Hardware vor: die Boards, die Leben in die Modellbahnwelt bringen.

Der ESP32

Die Teile, die im Digitalbereich der Modellbahn die Hauptarbeit leisten, sind Mikroprozessoren. Vermutlich sind Ihnen Prozessoren aus Ihrem heimischen PC ein Begriff und Sie haben eine Vorstellung davon, was deren Aufgabe ist. Die hier eingesetzten Mikroprozessoren sind strukturell gesehen nichts anderes, nur sind die Prozessoren aus dem PC die Boliden und die Mikroprozessoren in etwa die Rennräder. Es sind schon nicht mehr die einfachen Fahrräder, denn die Leistung des hier eingesetzten Typs eines Mikroprozessors, dem ESP32, ist schon ganz beachtlich. Doch dazu gleich mehr.

Um es gleich vorwegzunehmen: Mit dem Mikroprozessor ESP32 kommen wir direkt gar nicht in Berührung, denn wir setzen Module ein, auf denen der ESP32 verbaut ist. Diese schauen wir uns später an. Dennoch macht es Sinn, sich die Leistungsfähigkeit des ESP32 vor Augen zu führen, da die Leistung der Module natürlich wesentlich durch den eingesetzten Mikroprozessor bestimmt wird.

Doch treten wir einen Schritt zurück und schauen uns den Gesamtbereich mal genauer an. Im Prinzip begann der Siegeszug der Mikroprozessoren vor einigen Jahren mit zwei Produktlinien. Da ist einmal die Linie der PIC-Prozessoren und daneben gibt es die Atmel-Chips. Die Chips der Firma Atmel werden u.a. in den Arduino-Modulen eingesetzt und erfreuen sich außerordentlicher Beliebtheit. Wohl jeder, der sich schon einmal mit der Makerszene beschäftigt hat, ist mit dem Arduino in Berührung gekommen. Eine Leistungsstufe höher angesiedelt als die PICs und der Arduino ist der Raspberry Pi, der einen ARM-Prozessor einsetzt. Auf diesen Boards kann bereits ein erwachsenes LINUX als Betriebssystem eingesetzt werden. Diese Rechner sind damit bereits deutlich näher am PC als an den Mikroprozessoren angesiedelt. Sie sind aber auch größer und teurer. Deshalb verfolgen wir diese Linie nicht weiter.

Zurück zum Arduino. Es ist nicht unbedingt seine Leistungsfähigkeit, die ihn so beliebt macht, sondern vielmehr der einfache Umgang mit ihm. Das beruht u.a. darauf, dass es für ihn eine kostenlose Entwicklungsumgebung gibt sowie eine Unzahl an Softwarepaketen und Bibliotheken für nahezu alle erdenklichen Anwendungen.

Und hier sind wir eigentlich bereits beim ESP32. Man könnte ihn als leistungsgesteigerten Arduino bezeichnen. Wir können sehr viele Softwarepakete aus der Arduino-Welt weiter nutzen, haben aber gleichzeitig deutlich mehr Leistung. Was ihn deutlich vom Arduino abhebt, sind die vielen Schnittstellen, die der ESP32 bedienen kann. Ganz wesentlich sind die TCP/IP-, die WLAN- sowie die CAN-Schnittstelle zu nennen. Das erspart eine ganze Menge an Löt- und Programmierarbeit, da wir keine peripheren Bauteile einbringen müssen.

Der ESP32 wird seit Ende 2016 von der chinesischen Firma Espressif Systems produziert und vertrieben.

Hier einige Leistungsdaten:

Merkmal	Wert
Versorgungsspannung	3,3 V
Stromverbrauch	Zwischen 20 µA und 240 mA
Prozessortakt	Dual 160 MHz
RAM	520 K

→

Merkmal	Wert
GPIOs	34
Analog zu Digitaleingänge	7
802.11 Unterstützung (WLAN)	11b/g/n/e/i
Bluetooth	BLE
Maximale Anzahl TCP-Verbindungen	16
SPI	3
I2S	2
I2C	2
UART	3

Doch wie bereits ausgeführt, setzen wir den ESP32 nicht nackt ein, sondern ergänzt mit lebenswichtigen Bausteinen, die uns die Arbeit erleichtern.

ESP32-Module

Wir werden an dieser Stelle nur die Module betrachten, die wir auch tatsächlich einsetzen. Wir kommen allerdings nicht mit einem Typus von Modulen aus. Gemeinsam ist natürlich allen der Mikroprozessor ESP32, aber die Module unterscheiden sich insbesondere hinsichtlich der Schnittstellen stark und es wurden genau die ausgesucht, die die Bedürfnisse der einzelnen Anwendungen optimal erfüllen.

ESP-WROOM-32

Dieses Board enthält Anschlüsse für den ESP32 (GPIOs) und einen Micro-USB-Anschluss, über den das Board mit Spannung versorgt wird und auch Programme geladen werden können. Weiterhin sind zwei kleine Knöpfe (EN für enable (linker Knopf) und IO0 für Boot (rechter Knopf)) vorhanden. Mit der Entwicklungsumgebung können Programme im Normalfall problemlos über den USB-Anschluss auf das Board gebracht (»flashen« oder »uploaden«) werden.

Verweigert das Board dies aus irgendwelchen Gründen, kann man sich mit diesen Knöpfen helfen. Dazu drückt man die Taste IO0 und hält sie fest, dann kurz auf EN drücken. Anschließend ist der Chip im Flashmode und IO0 kann wieder losgelassen werden. Das Verfahren ist manchmal notwendig: Zwar erzeugt die Entwicklungsumgebung zu Beginn des Flashvorganges einen Reset- und Flash-Impuls, dieser wird in schwierigen Fällen bei einigen ESP32-Boards vom Chip aber wohl nicht korrekt verstanden.

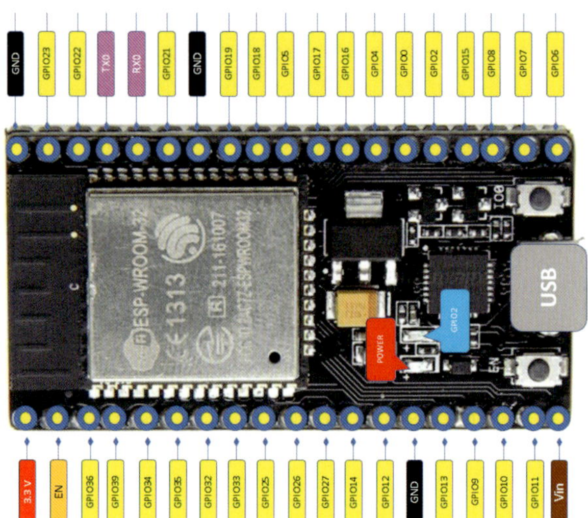

Abb. 2–1 *Die Anschlusspins des eingesetzten ESP32-Moduls*

Um das Board neu zu booten, drückt man den »EN«-Knopf. Ist der Pin GPIO0 dabei logisch HIGH (»IO0«-Knopf nicht gedrückt), bootet das Modul ganz normal. Ist allerdings IO0 gedrückt (also GPIO0 logisch low), geht das Board in den »flash-Mode«, was es uns erlaubt, neue Anwendungen zu laden. Diese Prozedur mit den Knöpfen ist in der Regel nicht notwendig. Denn normalerweise ist es ausreichend, den Upload-/Flash-Vorgang aus der IDE heraus zu starten. Den Rest übernimmt dann die Software.

Auf dem Board sitzt ein CP2102-Chip, der als UART die Kommunikation für den USB-Anschluss übernimmt. Damit können dann Übertragungsgeschwindigkeiten von 921600 KBaud erreicht werden. Die Anschlüsse für dieses Board sind im Bild 7 dargestellt. Dieses Board gibt es in diversen Ausführungen, die sich hinsichtlich ihrer Anschlussbelegung unterscheiden. Diesen Typ kann man an der typischen Lage der beiden LEDs und des dreibeinigen Chips direkt unterhalb des ESP32 erkennen.

Den ESP-WROOM-32 setzen wir in allen Decodern ein.

Der Olimex ESP32-EVB

Die Leistungsfähigkeit dieses Boards geht deutlich über den ESP-WROOM-32 hinaus.

Der Olimex ESP32-EVB (EVB steht für Evaluationboard) ist auf Grund der vielen Schnittstellen mit 75 x 75 mm Kantenlänge deutlich größer als der WROOM. Aus diesem Grund setzen wir ihn auch nicht als Decoder ein.

Abb. 2–2 *Der Olimex ESP32-EVB wird das Herzstück der CANguru-Bridge.*

Hier eine Liste seiner Leistungsmerkmale:

- Der Olimex ESP32-EVB kann alles, was das ESP32-WROOM32-Modul leistet
- Built-in Programmer für Arduino and ESP-IDF
- WiFi (WLAN), BLE (Bluetooth) Konnektivität
- Ethernet-100-Mbit-Interface
- MicroSD card
- 2 x 10 A/250 VAC (15 A/120 VAC 15 A/24 VDC) Relais mit Anschlüssen und Status-LEDs
- CAN-Interface
- IR-Empfänger und Sender, mit bis zu 5 Meter Reichweite
- Lader für LiPo-Akkus, um Stromunterbrechungen zu puffern
- Stromanschluss für eine externe Stromversorgung, 5 V
- UEXT-Anschluss, für UEXT-Module
- GPIO-40-Pin-Anschluss mit allen ESP32-Ports

Was sofort ins Auge springt, sind die beiden Merkmale CAN-Schnittstelle und 100 Mbit Ethernet, die mit dem WROOM alleine nur mit zusätzlichen Komponenten hätten bereitgestellt werden können. Wie bereits zum Ausdruck gebracht, wollen wir es uns natürlich so einfach wie möglich machen und die Anzahl verbauter Komponenten minimieren. Und dies nicht nur, weil das zusätzliche Löten

Arbeit macht, sondern insbesondere, weil jede zusätzliche Lötstelle eine mögliche Fehlerquelle darstellt. Die beiden angesprochenen Merkmale werden ausschließlich in der CANguru-Bridge benötigt, also dem Übergang zum PC über Ethernet, zu den Decodern über ESP-NOW und zur Märklin-Gleisbox über Hardware CAN). Den Begriff »Hardware CAN« gibt es eigentlich nicht. Er soll ausdrücken, dass die Informationen als CAN-Meldungen tatsächlich über drei Leitungen (CAN-H, CAN-L sowie die Masseverbindung) transportiert werden. Auch bei der Kommunikation zwischen der Bridge und den Decodern findet das CAN-Protokoll Anwendung, aber hier eben über eine Luftschnittstelle (ESP-NOW).

M5Stack ESP32-CAM

Wir haben uns ja vorgenommen, einen Zug bzw. einen Wagen darin als Kamerawagen auszugestalten. Dafür ist der Olimex ebenso ungeeignet wie der WROOM. Aber es gibt auf dem Markt mehrere spezielle Boards, die direkt mit einer winzigen Kamera und natürlich der entsprechenden Schnittstelle geliefert werden.

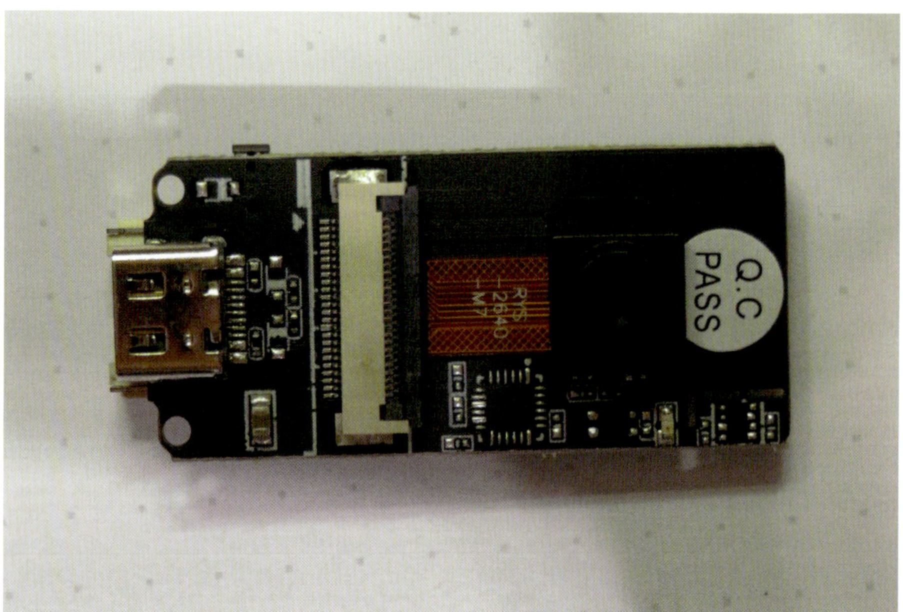

Abb. 2–3 *Das Modul ESP32CAM wird später im Kamerawagen verbaut.*

Ich habe mich für das Modul von der Firma M5Stack entschieden, weil es einfach in der Handhabung und hierzulande lieferbar ist. Es hat u.a. den Vorteil, dass es einen USB-Anschluss (Typ C!) bietet sowie die Möglichkeit, einen Lipo-Akku anzuschließen und dort aufzuladen.

Die ESP32CAM ist ein kleines Modul, das neben dem ESP32-Chip auch eine kleine Kamera OV2640 mitbringt. Die Programmierung erfolgt wie die anderen Boards über die IDE bzw. den USB-Anschluss. Andere Boards benötigen dafür weitere Hilfsmittel.

Die ESP32CAM rüstet den ESP32 mit allem notwendigen Equipment aus, um daraus einen Kamerawagen zu bauen. Weiterhin bietet es einen Ladechip für einen LiPo-Akku (IP5306). Damit kann der Wagen vollkommen autonom auf den Gleisen agieren. Letzten Endes ist Platz auf dem Board für eine MPU6050 (Gyro und Beschleunigungsmesser), einen BME280 (Temperatur-, Feuchtigkeits- und Drucksensor) und ein analoges Mikrofon.

Hier noch ein paar Daten zum OV2640-Sensor:

- UXGA/SXGA: 15 Bilder pro Sekunde
- SVGA: 30 Bilder pro Sekunde
- CIF: 60 Bilder pro Sekunde
- Scan Mode: Progressive

Kameraspezifikation:

- CCD-Größe: ¼ Zoll
- Field of View: 78 Grad
- Höchste Auflösung: 1600 * 1200

Alles Weitere erfahren Sie bei der detaillierten Beschreibung des Kamerawagens.

Das Laden der Programme

Was nutzt die beste Hardware, wenn kein vernünftiges Programm darauf läuft? Also wird in diesem Abschnitt die Prozedur eingeführt, die die bereitgestellten Programme auf das jeweilige Board bringt. Dieser Vorgang ist bei allen eingesetzten Decodern identisch. Deshalb wird er hier einmal gezeigt.

Um nicht unnötig zu verwirren, muss noch klargestellt werden: Wenn Sie die Entwicklungsumgebung so nutzen, wie später beschrieben, benötigen Sie die anschließend beschriebene Prozedur nicht. Denn dieses Programm transportiert die Entwicklungsergebnisse recht komfortabel auf das Board. Also sind die kommenden Schritte und die Arbeit mit diesem Flashtool nur für den Fall relevant, dass Sie außerhalb der Entwicklungsumgebung arbeiten.

Bei jedem Programm aus dem Downloadbereich ist ein Ordner »Files« zu finden, der jeweils drei Dateien enthält. Der Name ist bei allen Anwendungen gleich, allerdings ist deren Inhalt unterschiedlich.

Der Vorgang wird an dem Beispielprogramm Blinky gezeigt. Gehen Sie folgendermaßen vor:

- Starten Sie das Tool flash_download_tools_v3.6.6 im gleichnamigen Ordner im Downloadbereich. Lassen Sie sich dabei nicht durch Fehlermeldungen abschrecken. Sie können diese Programme ohne Weiteres starten. Wenn Sie das erfolgreich hinter sich gebracht haben und nebenstehendes Bild sehen, klicken Sie auf den Button »ESP32 Download Tool«.

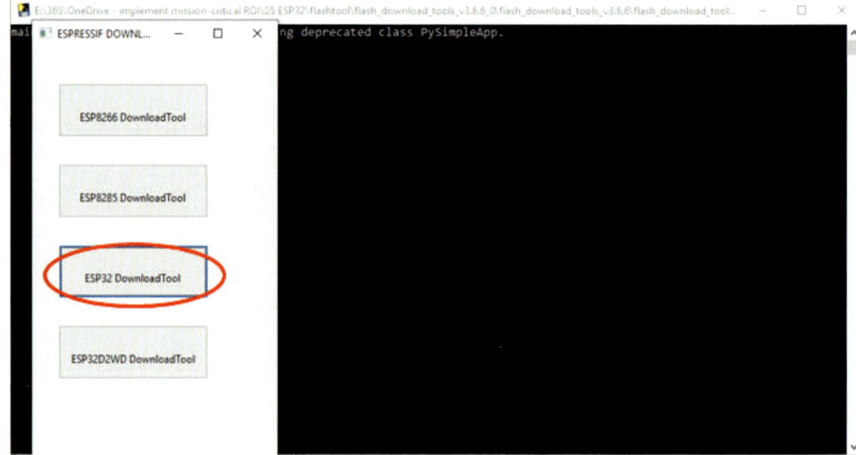

Abb. 2–4

- Anschließend zeigt sich ein Bildschirm, der im Wesentlichen so aussieht wie rechts. Nun müssen Sie dem Programm mitteilen, welche Dateien für den Downloadprozess zu nutzen sind. Dazu tragen Sie in den rot markierten Zeilen (große Ellipse) die drei Dateien aus dem Ordner »Files« ein. Sie navigieren dahin, indem Sie auf die drei Punkte neben dem Dateinamen klicken. In die erste Zeile kommt »bootloader_dio_40m.bin, dann »partitions.bin«, anschließend »firmware.bin«. Die übrigen Eintragungen können Sie zunächst unverändert belassen.

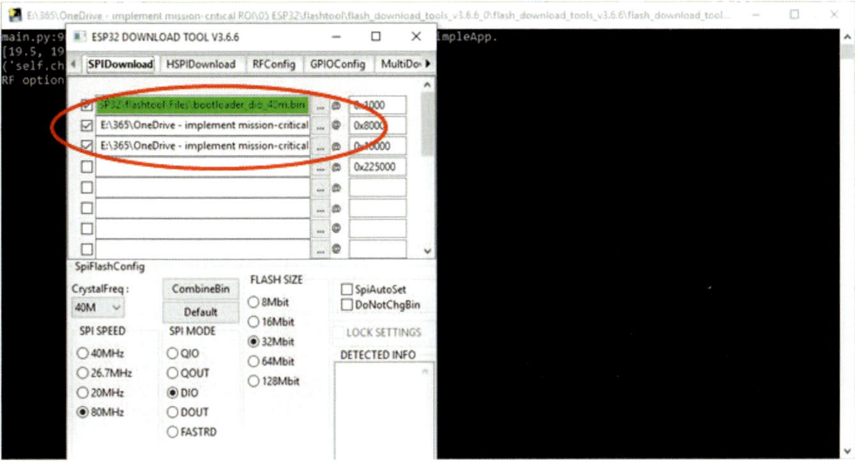

Abb. 2–5

- Jetzt ist es Zeit, das Board, das die Software erhalten soll, über ein USB-Kabel mit Ihrem Rechner zu verbinden. Stellen Sie unten rechts den aktuellen COM-Port ein.

  Mit einem Klick auf den Start-Knopf beginnt das Programm zu arbeiten. Einige bisher leere Felder werden gefüllt. Das Programm war erfolgreich, wenn nach wenigen Sekunden das grüne Feld oberhalb des Start-Knopfs den Eintrag FINISH trägt.

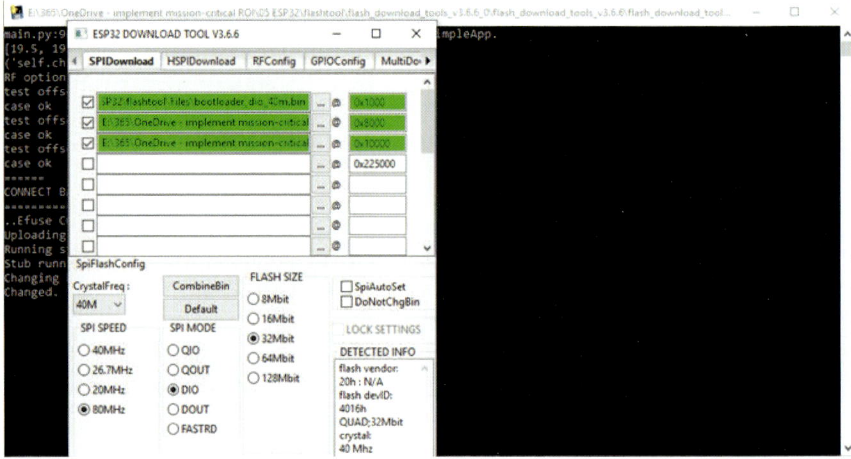

Abb. 2–6

- Jetzt brauchen Sie nur noch auf den STOP-Knopf drücken und das Programm wurde auf das Board geladen. Wenn Sie das Board von Ihrem Rechner trennen und erneut verbinden, blinkt die LED und zeigt damit den Erfolg.

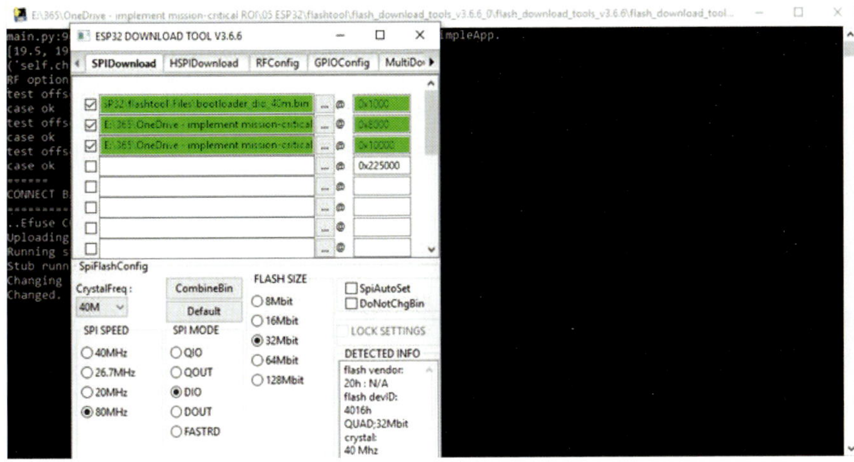

Abb. 2–7

Analog wie bei Blinky gehen Sie bei den nachfolgenden Decodern vor. Wenn Sie später einmal Änderungen an einem Programm vornehmen, dann benutzen Sie natürlich nicht dieses Flashtool, sondern

Sie können Ihr Entwicklungsergebnis sofort aus der Entwicklungsumgebung heraus auf das Board schicken. Dieser Vorgang wird im Entwicklungsanteil beschrieben.

Nach dieser Vorrede wird es ernst, wir basteln.

Tag 1: ... und es werde grün

Aller Anfang ist in diesem Fall nicht schwer. Denn um den Einstieg zu erleichtern, beschreiben wir in diesem ersten Abschnitt nur leicht zu bewältigende Tätigkeiten.

Was ist das Ziel?

Wir erstellen den Basisaufbau der Modellbahn, das ist eine begrünte Grundplatte – leider noch ohne Spuren von Modellbahn – und installieren die Entwicklungsumgebung.

Was wird benötigt?

- 3 Platten Pappelsperrholz 120 x 60 cm mit der Stärke 10 oder 12 mm
- 2 Holzböcke
- 2 Holzleisten mit der Länge 200 cm

Optional

- 1 FALLER 180514 – 4teiliger Modellhintergrund »Schwarzwald-Baar«
- Grüne Grasmatten

Der Aufbau der Grundplatte

Es gibt verschiedene Möglichkeiten, eine Modellbahn aufzubauen. Die einfachste ist sicherlich die Teppichbahn bei der – der Name sagt es schon – die Bahn auf dem Fußboden bzw. Teppich liegend aufgebaut wird. Diese Lösung hat ihre Berechtigung und auch ihre Vorteile. Wir wollen aber etwas mehr Atmosphäre erzeugen und wählen daher eine andere Lösung. Man kann die Bahn auch schlicht auf einer Holzplatte aufbauen, bei der dann schon etwas Geländemodellierung möglich wird. Das ist allerdings eine lediglich zweidimensionale Lösung, bei der die Gleise nur auf einer Ebene verlaufen. Das werden wir in der ersten Ausbaustufe auch umsetzen. Das ist aber nicht unser Ziel. Wenn wir Gleise übereinander laufen lassen wollen – also mit Brücken oder über Tunnel –, dann kommt die offene Rahmenbauweise in Betracht. Dazu verzichtet man auf die Grundplatte. Stattdessen fertigen wir aus stabilen, verwindungsarmen Hölzern einen Rahmen, der durch die Umrisse des Gleisplans bestimmt wird. Man kann sich das wie eine Kiste ohne Boden vorstellen. In dieses Gebilde werden parallel zur Schmalseite Bretter – als Spanten bezeichnet – hochkant eingebracht. Dort sind Ausschnitte herausgesägt, durch die die Gleistrassen laufen. Diese Gleistrassen sind dünne Sperrholzplatten, die den Gleisverlauf abbilden und auf denen die Gleise dann auf den gewünschten Höhen verlaufen. Über die Spanten wird mit Drahtgitter, Gipsbinden und Gips das eigentliche Gelände modelliert. Dieses Verfahren wird insbesondere bei mittleren und großen Anlagen eingesetzt. Im Internet findet man unter dem Stichwort »offene Rahmenbauweise« ausreichend Beispiele.

Wir werden bei unserer eher kleinen Anlage eine Mischung zwischen dem Grundplattenansatz und der offenen Rahmenbauweise umsetzen, d.h., wir setzen auf einer Grundplatte Gleistrassen auf, die wir mit hochkant angebrachten Hölzern erhöhen, um die notwendige Höhe für Gleisüberquerungen zu gewinnen. Dadurch ersparen wir uns die Spanten. Doch dazu später mehr.

Die Planung der Modellanlage mit dem Programm 3D-Modellbahn beginnt mit der Festlegung der Maße für die Grundplatte.

Wir entscheiden uns für die Maße 120 x 180 cm. Da der Transport einer solchen doch etwas unhandlichen Platte aus dem Baumarkt bereits ein Problem bereiten könnte, wurden die Maße so gewählt, dass man die Platte aus drei kleinen Platten mit jeweils handelsüblichen 120 x 60 cm zusammensetzt, die man notfalls unter den Arm klemmen und mit dem Bus nach Hause transportieren kann.

Als Material habe ich Pappelsperrholz gewählt. Das ist nicht das qualitativ hochwertigste Holz, aber für unsere Zwecke ausreichend. Wir stellen die beiden Holzböcke in nicht zu engem Abstand auf und binden die beiden Leisten daran fest. Anschließend legen wir die drei Platten darauf und schrauben sie von oben an den Leisten fest. Nun bilden Holzböcke, Leisten und Platten eine Einheit. Und wenn jetzt etwas umfällt, dann wenigstens alles. Wir können nun etwas grüne Matte zur atmosphärischen Aufhellung darauflegen, müssen wir aber nicht.

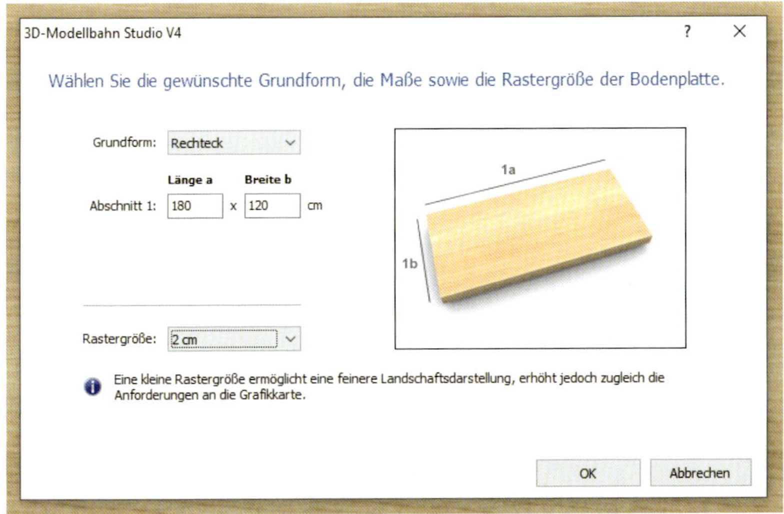

Abb. 2–8 *Als einer der ersten Entwurfsschritte werden die Maße der Bodenplatte festgelegt.*

Ein Hintergrund macht die Anlage eindrucksvoller. Ich habe mir »FALLER 180514 - 4teiliger Modellhintergrund ›Schwarzwald-Baar‹« ausgesucht und auf die Wand aufgeklebt. Da ich relativ wenig Erfahrung mit Tapezieren habe, kam für mich der Gebrauch von Kleister nicht in Frage.

Stattdessen habe ich doppelseitiges Klebeband verwendet. Allerdings empfiehlt es sich schon, einen Vertrauten um Mithilfe zu bitten. Denn bei dem Klebeband gilt: Was das mal gegriffen hat, lässt es nicht mehr los. Soll heißen, man hat nur einmal die Chance, die mehrteilige »Hintergrundtapete« plan aufzukleben.

Abb. 2–9 *Dieser Hintergrund lässt die Modellbahn später sehr realistisch erscheinen.*

Mehr passiert am ersten Tag auf der Modellbahn nicht. Vielmehr wenden wir uns nun der Installation der Software zu.

Abb. 2–10 *Obwohl noch keine Bahn eingebaut, ist schon richtig was los auf der grünen Matte.*

Das Leben auf dem Bild täuscht. Es ist lediglich die Grundplatte mit Hintergrund aufgebaut, auf der ein paar Gebäude platziert wurden. Es fehlen jedoch nur noch wenige Schritte, bis sich dort die erste Lok bewegt.

Installation von Win-DigiPet

Wir installieren nun das Steuerungsprogramm Win-DigiPet. Dieses Programm ist später unsere Benutzerschnittstelle zur Modellbahn. Wir schalten damit alle Weichen, steuern die Züge und so weiter.

Dieses Programm gibt es in drei Ausführungen: als Demo-Programm, als Small- und als Premium-Version. Alle drei unterscheiden sich im Leistungsumfang und natürlich auch im Preis. Für kleine bis mittlere Anlagen ist die Small-Version durchaus ausreichend. Um einen ersten Eindruck zu bekommen, reicht sogar die Demo-Version. Damit können einige Weichen geschaltet und bis zu vier Loks gesteuert werden. Aber entscheiden Sie selbst, wo Sie hinwollen und was für Sie das Richtige ist.

Auf jeden Fall laden Sie die ausgewählte Version von der Download-Seite *www.Win-DigiPet.de* herunter. Mit einem Doppelklick auf die heruntergeladene Datei starten Sie die Installation und folgen dann den Anweisungen auf dem Bildschirm.

Anschließend können Sie Win-DigiPet starten. Allerdings endet das Vergnügen bald, denn Sie haben ja noch nichts zu steuern, außer einer leeren Grundplatte; zudem fehlt noch die Software CANguru-Bridge als Gegenstück auf der Modellbahn. Dazu kommen wir erst im nächsten Abschnitt.

Tag 2: Jetzt kommt Bewegung ins Spiel

Dieser Tag ist ganz wichtig, denn wir steigen heute tatsächlich in die Welt der Modellbahn ein. Nachdem wir gestern unseren Unterbau fertiggestellt haben, wollen wir heute Bewegung in die Angelegenheit bringen.

Was ist das Ziel?

Wir wollen ein Gleisoval auf die Basis legen, die CANguru-Bridge mit Peripherie aufbauen und mit Win-DigiPet den ersten Zug fahren lassen.

Was wird benötigt?

Für das Gleisoval benötigen wir folgende Märklin-C-Gleise:

Anzahl	Best.-Nr.	Beschreibung	Maß
10	24130	Gebogenes Gleis 30°	Radius 360 mm
7	24188	Gerades Gleis	Länge 188,3 mm
2	24330	Gebogenes Gleis 30°	Radius 515 mm
1	24064	Gerades Gleis	Länge 64,3 mm
1	24094	Gerades Gleis	Länge 94,2 mm

Um die Digitalspannung aufs Gleis zu bringen, besorgen wir uns folgende Bauteile:

- 1 Exemplar Olimex ESP32-EVB mit Display
- 1 Märklin-Gleisbox (Art. Nr. 60116) mit passendem Trafo
- 1 Ethernet-Kabel RJ 45
- 1 Lüsterklemme
- Etwas Draht und einen Lötkolben

Optional:

- 1 kleine Holzplatte
- 1 Netzschalter, Kabel, Stecker
- 1 Lok mit Wagen Ihrer Wahl

Der Gleisaufbau

Eventuell haben Sie die Platte mit einer grünen Matte ausgelegt, damit die Angelegenheit nicht ganz so technisch aussieht. Die können Sie jetzt noch liegen lassen, vor dem nächsten Gleisaufbau muss sie dann jedoch entfernt werden.

Um jetzt das gewünschte Oval zu erstellen, stecken Sie die Gleise zusammen wie in folgender Abbildung dargestellt.

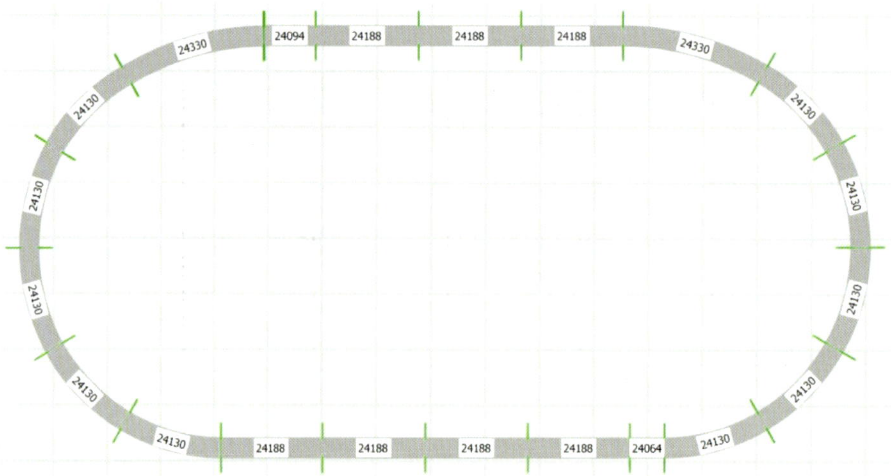

Abb. 2–11 *Mit diesem Gleisoval starten wir den Aufbau unserer Anlage.*

Möglicherweise fragen Sie sich an dieser Stelle, weshalb wir nicht ein einfaches Oval mit identischen gebogenen und geraden Gleisen aufbauen. Das können Sie auch machen. Ich schlage aber dieses vor, weil es schon nahe dran ist an einem Rundkurs unseres Gleisendausbaus.

Ein Gleis behalten Sie zunächst zurück und zwar genau das, das Ihrer Elektronik am nächsten zu liegen kommt. Gerade oder gebogen spielt keine Rolle. Dieses Gleis nutzen wir, um die Digitalspannung ans Gleis zu bringen. Dazu benötigen wir den Lötkolben und etwas Draht. Die Farbe der Isolierung des Drahts spielt im Prinzip keine Rolle, es sollten nur zwei unterschiedliche sein, wenn es geht rot und braun. Ich nehme immer rot und weiß, weil es nur das bei mir im Baumarkt gibt.

Messen Sie die Kabel so ab, dass beide ohne Zug vom Standort des Einspeisungsgleises zur Gleisbox reichen. Schneiden Sie die beiden Stücke ab. Anschließend ziehen Sie von den vier Enden ca. 1 cm der Isolation ab und löten ein Ende des Kabelpaares an ein Gleisstück. Das folgende Bild zeigt die Unterseite eines solchen Gleises. Man erkennt dort die Stellen, wo das rote bzw. weiße Kabelende anzulöten ist. Das andere Ende verbinden Sie mit einer Lüsterklemme, die sie in der Nähe der Gleisbox festschrauben. Die Kabel, die aus der Gleisbox kommen, schrauben Sie ebenfalls an die verbleibenden freien Anschlüsse der Lüsterklemme, und zwar das rote an das rote und das braune an das weiße Kabel (falls Sie die Farben so wie ich gewählt haben).

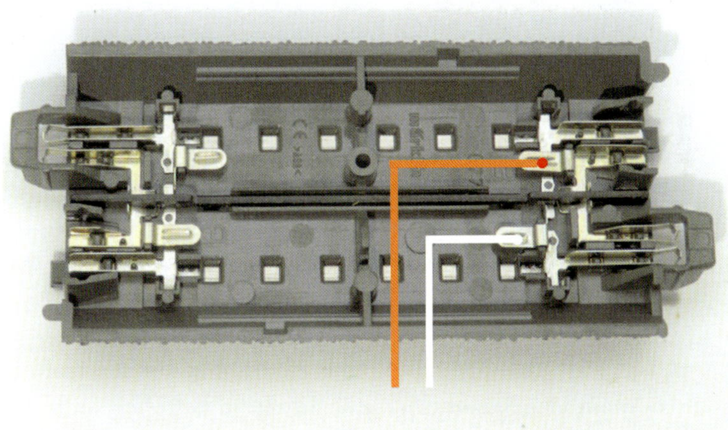

Abb. 2–12 *Mit diesen beiden Kabeln bringen wir die Digitalspannung an die Loks.*

Wichtig ist dabei, dass Sie das rote Kabel ab jetzt immer an die kurze und das andere Kabel an die lange Lötfahne anschließen. Falls Sie das später einmal vertauschen, tritt ein Kurzschluss auf. Nun kann dieses Gleis unser Oval endgültig schließen.

Die CANguru-Bridge

Der Olimex ESP32-EVB leistet in seinem Originalzustand natürlich noch nicht, was wir von ihm erwarten. Da muss noch die Software drauf. Ob Sie das erst machen, sobald alles verdrahtet ist, oder sofort, wenn er frisch aus der Verpackung kommt, ist ziemlich egal. Ich beschreibe die erste Variante, da eventuell später einmal eine neue Softwareversion aufzuspielen ist. Dann bauen Sie das Board auch nicht aus, um die geschilderte Situation nachzustellen.

Es ergibt Sinn, alle benötigten Komponenten auf ein Stück Holz zu schrauben. Dann hat man alles übersichtlich zusammen. Auch hier können Sie stilvoll eine grüne Matte unterlegen. Die trägt allerdings zur Funktion nur wenig bei. Schrauben Sie alle Bauteile so ähnlich wie bereits in Abb. 1–4 dargestellt auf die Holzplatte.

Abb. 2–13 *Die Abbildungen zeigen die CANguru-Bridge mit aufgesetztem Display. Links mit kleinem Display Olimex MOD-OLED-128x64, rechts mit dem größeren Olimex MOD-LCD2.8RTP. Da die beiden Varianten unterschiedlich angesteuert werden, werden im Downloadbereich zwei unterschiedliche Versionen angeboten. Bei beiden wird u. a. auch die IP-Adresse der CANguru-Bridge angezeigt, die Sie beispielsweise später für die Verbindung mit Win-DigiPet benötigen.*

Ich habe noch einen Schalter quasi als Notaus dazwischen vor den Trafo zur Gleisbox geschaltet. Wenn mal eine unglückliche Situation auftreten sollte, kann man mit beherztem Drücken auf diesen Schalter womöglich Schlimmeres verhindern. Aber bitte seien Sie beim Verdrahten dieses Schalters vorsichtig. Sie hantieren hier mit 220 Volt! Das kann tödlich enden!

Nun müssen Sie die folgenden Verbindungen herstellen.

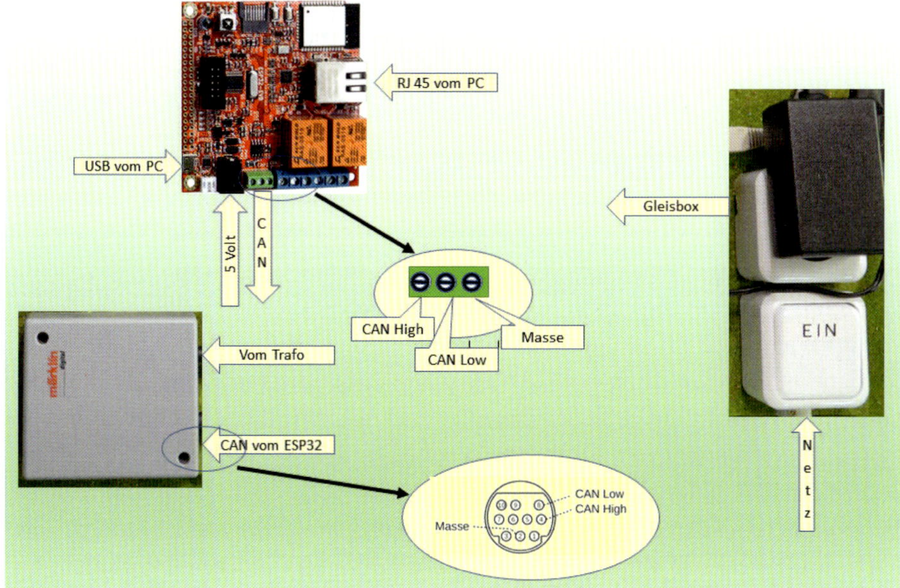

Abb. 2–14 *Die Verkabelung des Kernsystems der CANguru-Bahn ist übersichtlich. Bei einigen Exemplaren des Boards reicht die Stromversorgung über die USB-Schnittstelle für den Betrieb nicht aus. Insbesondere, wenn Sie das große LCD-Display anschließen. Dann schließen Sie das Board an die 5 Volt-Versorgung an, die Sie auch für die Decoder benutzen. Software wird allerdings stets über das USB-Kabel geladen.*

Dabei können Sie nur wenig falsch machen. Allerdings müssen Sie auf einen Aspekt achten. Sie dürfen auf keinen Fall die beiden CAN-Leitungen CAN H(igh) und CAN L(ow) vertauschen. Das kann Sie die Gleisbox und/oder den ESP32-EVB kosten. Daher empfehle ich, auch für diese Leitungen unterschiedliche Farben zu benutzen und die Verkabelung auf o.a. Bild mehrmals mit Ihrem Aufbau zu vergleichen. Insbesondere sollten Sie auf die korrekten Anschlüsse am Stecker zur Gleisbox und am anderen Ende dieser Kabel am ESP32-EVB achten.

Jetzt kommt das Flashtool zum Einsatz. Im vorangegangenen Abschnitt »Das Laden der Programme« ist genau beschrieben, was zu tun ist. Das USB-Kabel ist bereits mit dem PC verbunden. Also müssen wir lediglich die für diese Anwendung richtigen Dateien eingeben und dann den Prozess starten.

Inbetriebnahme der Anlage

Nachdem das Gleisoval liegt und die Verkabelung 17mal geprüft und für in Ordnung befunden wurde, können wir es wagen, den Einschaltknopf zu betätigen. Das kleine Display zeigt, dass die CANguru-Bridge nun hochläuft und sich mit dem PC verbindet. Nach einigen Sekunden zeigt das Display seine eigene IP-Adresse, die ihm im Netzwerk vergeben wurde. Diese Adresse müssen wir uns merken. Weiterhin zeigt das Display die Aufforderung »CONNECT!«. Das ist uns im Moment noch nicht möglich, weil eine Komponente auf dem PC noch nicht installiert ist.

Jetzt sind die Arbeiten auf der Anlage zunächst abgeschlossen und wir wenden uns dem PC zu. Win-DigiPet haben wir schon installiert. Jetzt starten wir dieses Programm. Das Ganze endet relativ schnell mit einer Fehlermeldung. Dies ist nicht verwunderlich, da Win-DigiPet die IP-Adresse seines Gegenübers – das ist die CANguru-Bridge – noch nicht kennt. Unter »Datei/Systemeinstellungen« tragen wir die IP-Adresse ein, die uns die CANguru-Bridge auf ihrem Display anzeigt.

Jetzt müssen wir noch den CANguru-Server auf die Festplatte bringen. Eine lauffähige Version finden Sie im Downloadbereich. Win-DigiPet hat sich bei der Installation einen eigenen Ordner angelegt. Das sollten Sie für den CANguru-Server genauso halten. Da der CANguru-Server beim ersten Start ohnehin ein Verzeichnis »C:\CANguru« anlegt, können wir dem zuvorkommen und für den CANguru-Server das Verzeichnis »C:\CANguru\Server« anlegen. Dorthinein kopieren wir dann den CANguru-Server und starten ihn sofort. Es ist auch empfehlenswert, einen Link zu dieser Datei auf den Desktop zu legen. Denn dieses Programm müssen Sie genau wie Win-DigiPet bei jedem Start Ihrer Anlage aufrufen.

Abb. 2–15 *Die E 146 wartet bereits auf ihren Einsatz.*

Mit einem Klick auf den »Connect«-Knopf sollte sich die CANguru-Bridge mit dem Server verbinden und Meldungen dorthin absetzen. Wenn das beim ersten Mal nicht funktioniert, drücken wir erneut den »Connect«-Knopf, eventuell auch mit einem Doppelklick. Wenn diese Verbindung geglückt ist, können wir Win-DigiPet starten. Jetzt müssen wir dort noch unsere Lieblingslok anmelden und schon kann sie sich im Kreise drehen.

Zusammenfassung

Im ersten Abschnitt des Buchs hatten wir uns vorgenommen, im Zuge des Aufwachsens der Anlage zu überprüfen, ob wir die Forderungen aus unserer Leistungsbeschreibung auch tatsächlich umgesetzt haben. Damit wollen wir nun beginnen.

Viel ist es noch nicht, aber wir können festhalten, dass wir für die Bahn Märklin-C-Gleise verwenden. Ebenso haben wir die Platte gemäß unserer Vorgabe von 1,20 m x 1,80 m aufgebaut. Mit der Verwendung von Win-DigiPet haben wir eine komfortable Steuerung der Bahn ausgesucht, die bequem vom PC aus möglich ist.

Mit der Kombination aus Gleisbox und CANguru-Bridge können wir die Forderung »*Auf der Bahn sollen sowohl normale digitale Wechselstromlokomotiven als auch mfx-Loks fahren*« abhaken.

Tag 3: Wo sind meine Züge?

Damit diese Frage jederzeit beantwortet werden kann, wurden die Gleisbesetztmelder erfunden. Nachdem wir uns am vergangenen Tag etwas erholen konnten, müssen wir uns heute ins Zeug legen, denn es ist eine Menge zu erledigen.

Was ist das Ziel?

Heute wird der Gleisaufbau fortgesetzt, so dass alle Gleise am richtigen Platz liegen. Die Situation, dass wir alle Gleise anfassen, nutzen wir aus und integrieren direkt die Anschlüsse für die Gleisbesetztmelder. Diese Module werden wir aber vorher aufbauen.

Was wird benötigt?

Für das Basismodul:

- 1 Modul ESP32 NodeMCU WROOM32 Dev Board, achten Sie beim Kauf auf die richtige Auswahl, denn es gibt diverse Ausführungen; wir benötigen den mit dem dicken gelben Bauteil direkt unterhalb des ESP32-Bausteins (silbernes Quadrat)

- 1 Platine in der Größe 5 x 7 cm
- 1 Elko 100 µF, 25 Volt
- 1 Kondensator 100 nF
- 1 Buchsenleiste 40-polig, wird geteilt, da 2 Stück mit jeweils 19 Pins benötigt werden
- 1 Anschlussklemme, 2-polig
- Etwas Draht

Für den Gleisbesetztmelder ergänzend:

- 1 HP4067 CD74HC4067 16bit Multiplexer Analog Digital
- 1 Buchsenleiste mit 8 Pins
- 1 Anschlussklemme, 2-polig

Für ein Meldemodul:

- 6 Optokoppler EL 817
- 24 Dioden 1N4007
- 6 Widerstände 1 KΩ
- 6 Widerstände 220 Ω
- 1 IC-Sockel mit 12 Pins
- 3 IC-Sockel mit 8 Pins
- 5 Anschlussklemmen 3-polig

Für den Gleisaufbau:

Anzahl	Best.-Nr.	Beschreibung	Maß
15	24188	Gerades Gleis	Länge 188,3 mm
12	24130	Gebogenes Gleis 30°	Radius 360 mm
7	24230	Gebogenes Gleis 30°	Radius 437,5 mm
3	24064	Gerades Gleis	Länge 64,3 mm
3	24330	Gebogenes Gleis 30°	Radius 515 mm
2	24672	Bogenweiche, rechts	
2	24530	Gebogenes Gleis 30°	Radius 643,6 mm
2	24671	Bogenweiche, links	
2	24430	Gebogenes Gleis 30°	Radius 579,3 mm
2	24094	Gerades Gleis	Länge 94,2 mm
1	24172	Gerades Gleis	Länge 171,7 mm
1	24611	Weiche 24,29°	links

→

Anzahl	Best.-Nr.	Beschreibung	Maß
1	24612	Weiche 24,29°	rechts
1	24115	Gebogenes Gleis 15°	Radius 360 mm
ca. 40	74030	C-Gleis Mittelleiter-Isolierung	

- 1 Brücke, meine Wahl fiel auf die Stahlbogenbrücke der Firma Kibri, eingleisig Art. Nr. 39700 sowie die zugehörigen Universal-Brückenköpfe gemauert Art. Nr. 39750

Aufbau der Hardware

Dies ist unser erstes Modul, das wir bauen. Da fast alle Module einen ähnlichen Aufbau haben, werden wir zunächst einige grundsätzliche Sachverhalte festlegen.

Das Basismodul

Alle Module bauen wir auf einer solchen Platine auf:

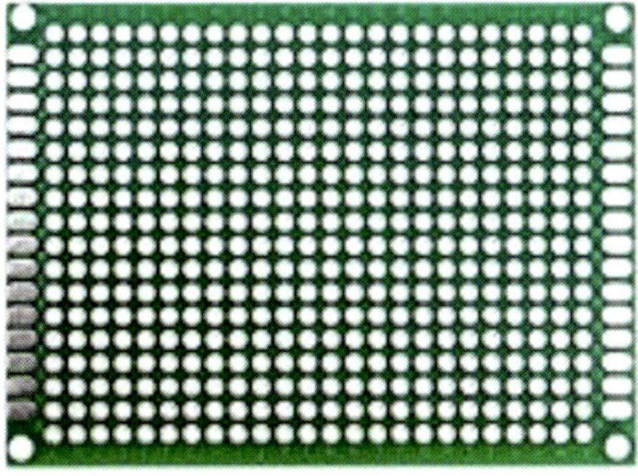

Abb. 2–16 *Unsere Standardplatine*

Wenn man etwas bei dem größten Online-Versandhändler unter dem Stichwort »Doppelseitig Lochrasterplatte Kit« sucht, findet man solche Platinen im Set in verschiedenen Größen. Ich empfehle die Variante, die auch eine Unmenge an Buchsenleisten beinhaltet. Denn davon brauchen wir etliche. Wir nutzen Platinen in der Größe 5 x 7 cm für unsere Boards.

Ähnlich dem Vorgehen im Entwicklerteil des Buchs bauen wir hier zunächst ein Basismodul auf, das entsprechend dem Zielmodul ergänzt werden muss. Also, los geht's.

Wir schalten den Lötkolben ein und löten die Bauteile aus der Materialliste so ein, dass sie aussieht, wie auf folgendem Schaltplan dargestellt.

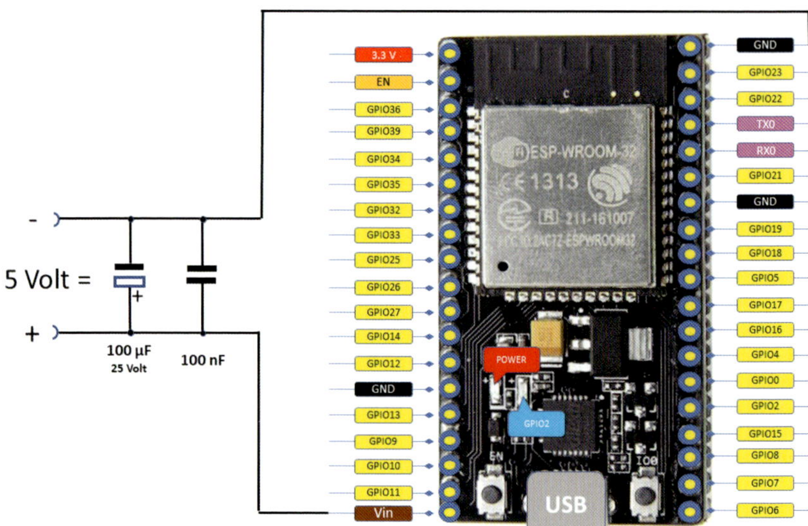

Abb. 2–17 *Der Schaltplan des Basisdecoders*

Auf der Vorderseite werden zunächst die beiden Buchsenleisten von jeweils 19 Pins eingelötet. Achten Sie dabei auf den richtigen Abstand der Leisten. Damit nichts schiefgeht, kann man auch die Buchsenleisten an ein ESP32-Modul stecken und dann einlöten. Dann hat man auf jeden Fall den korrekten Abstand und die Leisten stehen schön aufrecht und wir haben kein Problem, später den ESP32 erneut aufzusetzen.

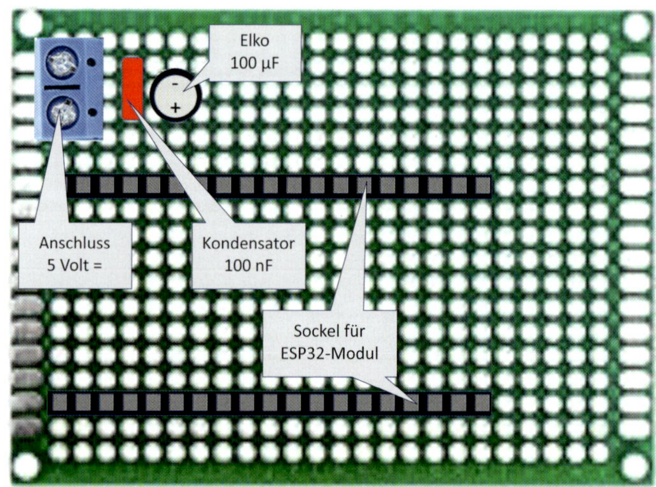

Abb. 2–18 *Die Komponentenseite des Basisdecoders ohne Prozessormodul*

Nun kommen nacheinander die Klemme für die 5 Volt Spannungsversorgung, der Kondensator und der Elko auf die Platine. Beim Elko achten Sie bitte auf die richtige Polung. Das Minus-/Massezeichen ist aufgedruckt.

Abb. 2–19 *Die Komponentenseite des Basisdecoders mit Prozessormodul*

Auf der Rückseite verbinden Sie nun noch die Verbindungen wie auf der folgenden Abbildung dargestellt. Die Platine wurde dafür einmal um die Längsachse gedreht. Dort, wo die Verbindung farblich gekennzeichnet ist, sollten Sie auch farbig isoliertes Kabel benutzen.

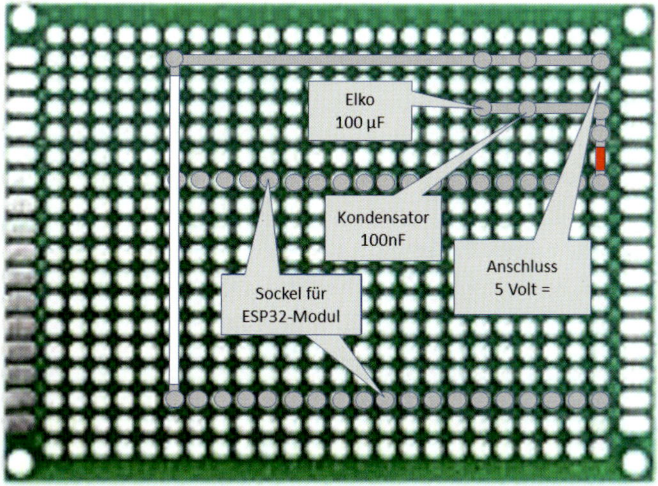

Abb. 2–20 *Die Lötseite des Basisdecoders*

Damit können Sie die Kabel besser identifizieren. Sie vermeiden dadurch auch ungewollte Verbindungen oder gar Kurzschlüsse.

Und das war‘s schon. Unser Basismodul ist fertig. Im Prinzip könnten Sie in die Serienproduktion einsteigen, denn Sie brauchen solche Module ja mehrfach. Sie können aber auch – und das ist die Empfehlung – zunächst den Gleisbesetztmelder fertigbauen.

Der Gleisbesetztmelder

Der Sprung vom Basismodul zum Gleisbesetztmelder ist nicht sonderlich groß. Es sind lediglich ein paar Bauteile zu ergänzen.

Der folgende Schaltplan gibt darüber Auskunft.

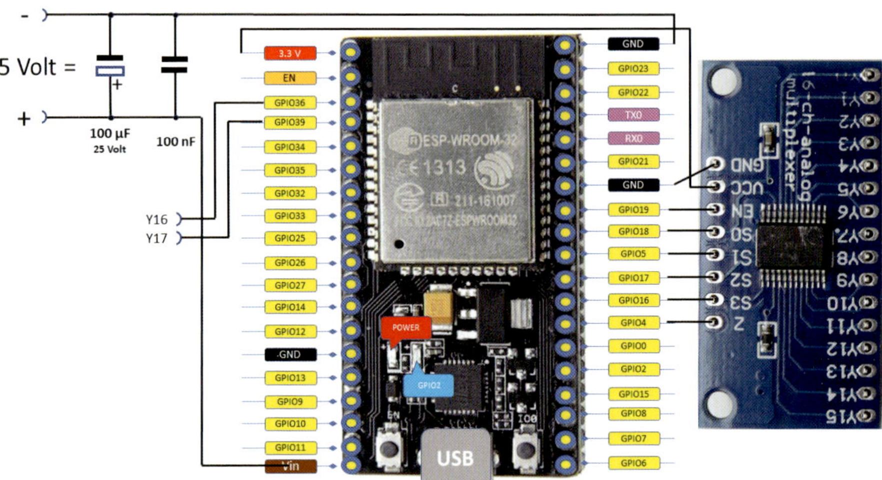

Abb. 2–21 *Der Schaltplan des Gleisbesetztmelders*

Als zusätzliches aktives Bauelement kommt lediglich der Multiplexer hinzu. Analog zum ESP32-Modul wird er auch nicht direkt, sondern über eine Buchsenleiste mit 8 Pins in die Platine eingebracht. Dort werden später an den Anschlüssen Y0 bis Y15 die Melder angeschlossen. Da wir aber 18 Melder unterbringen müssen, wird eine zusätzliche Buchsenleiste benötigt. Unser Gleisbesetztmodul bietet insgesamt Platz für 24 Melder, so dass wir diese Buchsenleiste auch mit 8 Pins vorsehen. Wir werden aber, weil wir momentan nicht mehr benötigen, nur 2 Pins davon anlöten, so wie es der Schaltplan vorgibt.

Die Komponentenseite Ihrer Platine müsste nach dem Verlöten so aussehen:

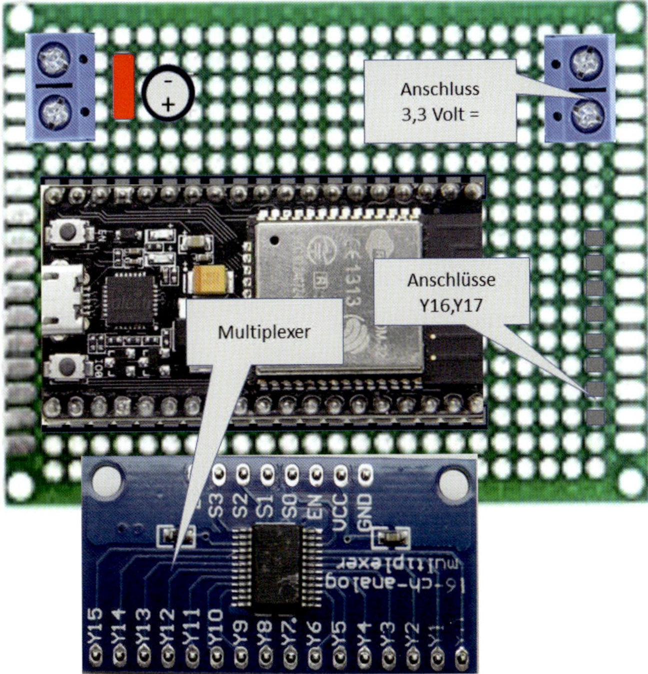

Abb. 2–22 *Die Komponentenseite der Gleisbesetztmelderplatine*

Auf der Lötseite müssen Sie die folgenden Verbindungen schaffen:

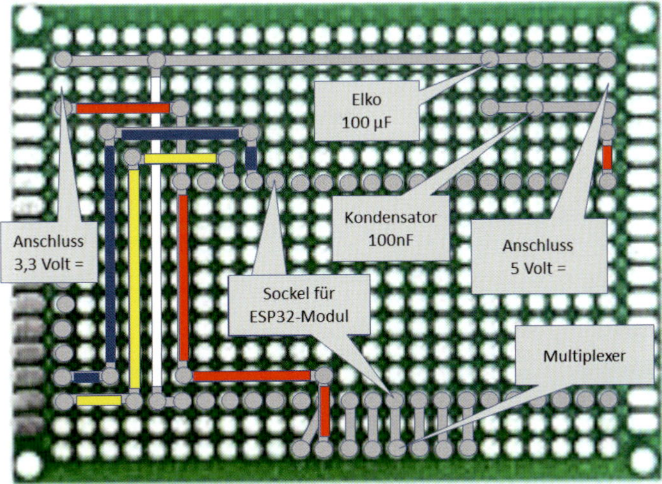

Abb. 2–23 *Die Lötseite der Gleisbesetztmelderplatine*

Jetzt noch schnell die Software mit dem Flashtool auf die Platine bringen, so wie wir es auch bei der CANguru-Bridge getan haben. Damit liegt nun das Herzstück der Meldekette vor uns. Aber leider fehlt noch das untere Ende, nämlich der bzw. die Melder. Die bauen wir im nächsten Abschnitt.

Die Melder

Wir haben unsere Gleisanlage in 18 Gleisabschnitte/Blöcke eingeteilt. An jedem der Abschnitte wollen wir lauschen, ob da eine Lok aktiv ist. Deshalb benötigen wir die gleiche Zahl an Meldern.

Jeder einzelne Melder ist übersichtlich aufgebaut, wie wir in folgendem Bild feststellen können.

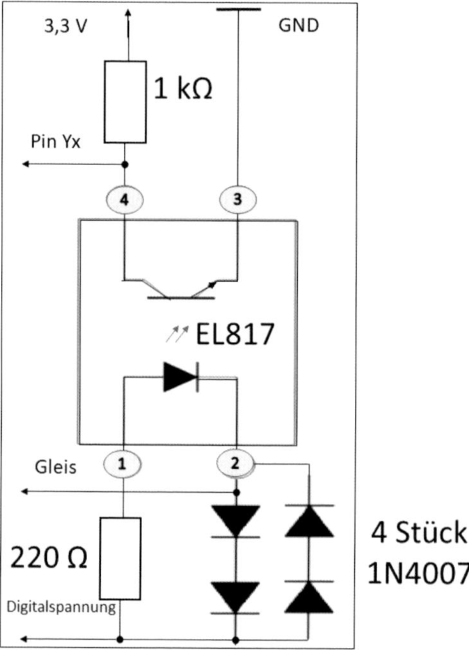

Abb. 2–24 *Das Schaltbild eines Melders*

Da wir davon 18 Exemplare benötigen, ist es die Aufgabe, eine sinnvolle Verteilung auf einer Platine zu finden. Nach längerem Überlegen und Probieren habe ich mich dazu entschlossen, die 18 Stück auf 3 Meldemodulen unterzubringen. Dabei werden die Bauelemente in ähnlicher Position untergebracht, wie auch schon im Schaltplan ersichtlich. Folgendes Bild zeigt diese Anordnung.

Abb. 2–25 *Die Komponentenseite der Melderplatine. Der rote Kreis weist auf Pin 1 des Optokopplers hin.*

Das Bild zeigt noch eine Variante mit einer kleineren Diode, die sich aber als nicht ausreichend belastbar erwies.

Die Lötseite ist – das muss ich zugegeben – etwas unübersichtlich.

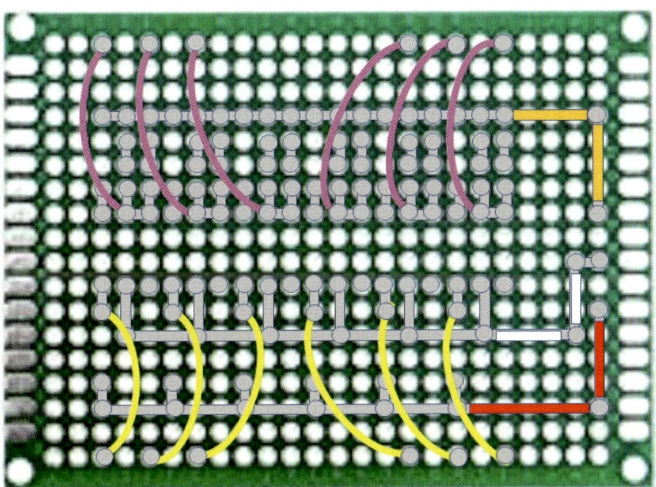

Abb. 2–26 *Die Lötseite der Melderplatine*

Damit beim Einlöten möglichst nichts schiefgeht, habe ich in einem Ausschnitt nochmal gezeigt, welche Beinchen da von oben rausschauen müssten. Es sind nicht alle eingezeichnet. Man muss das Bild sinnvoll ergänzen.

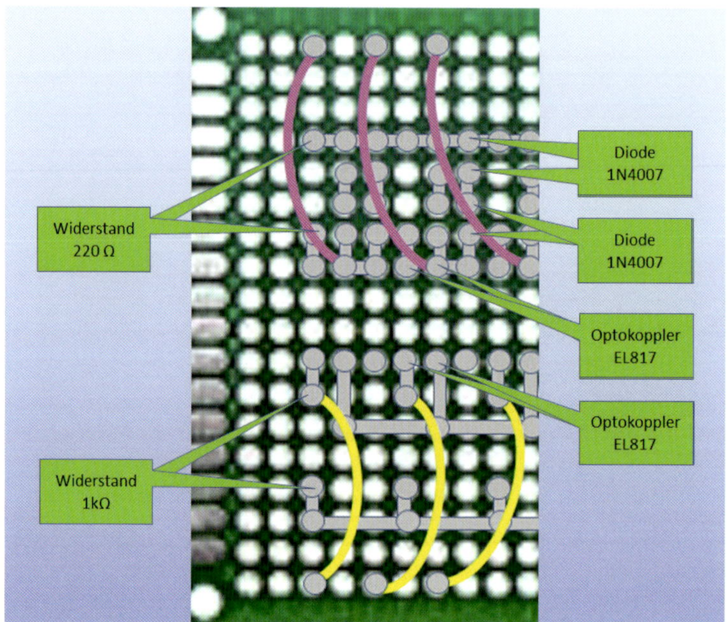

Abb. 2–27 *Detailsicht auf einen Ausschnitt der Lötseite einer Melderplatine*

Zum Löten bzw. dem Einsetzen der Komponenten möchte ich noch einige Hinweise geben.

Achten Sie beim Optokoppler auf den kleinen Punkt auf dem Chip. Setzen Sie den Baustein immer so ein, dass der Punkt bei allen Bausteinen so zu liegen kommt, wie der kleine Kreis in dem obigen Bild mit der Komponentenseite anzeigt.

Für jeden Melder müssen 4 mal 6, entsprechend 24 Dioden verbaut werden. Es wäre sehr ärgerlich, wenn Sie den Melder zusammengebaut in die Anlage einbauen und er funktioniert teilweise nicht. »Funktioniert teilweise nicht« heißt, es werden in Win-DigiPet nicht alle an dem Melder angeschlossenen Gleisabschnitte korrekt angezeigt. Wenn die Optokoppler alle richtig eingesteckt sind, wird der Fehler vermutlich an einer oder mehreren Dioden liegen. Fehlerquelle 1 ist, dass im fehlerhaften Zweig Dioden falsch gepolt sind. Ich kann Ihnen versichern, dass es nicht ganz so einfach ist, dies zu korrigieren. Deshalb überprüfen Sie den korrekten Sitz der Dioden besser mehrmals, bevor Sie sie festlöten. Fehlerquelle 2 ist nicht ganz so wahrscheinlich, aber auch nicht auszuschließen: Es könnte eine Diode defekt sein. Um zu verhindern, dass eine solche Diode eingebaut wird, prüfen Sie sie mit einem Ohmmeter auf Durchgang. Die eine Seite zeigt einen Widerstand von ungefähr 1000 Ω, umgedreht hat sie einen unendlichen Widerstand.

Wenn Sie das alles berücksichtigen, ist es nur eine Frage der Ausdauer und eines langen kalten Winterabends, bis der Gleisbesetztmelder sowie die drei Melder fertiggestellt sind. Nun kommt die Frage: Wie einbauen?

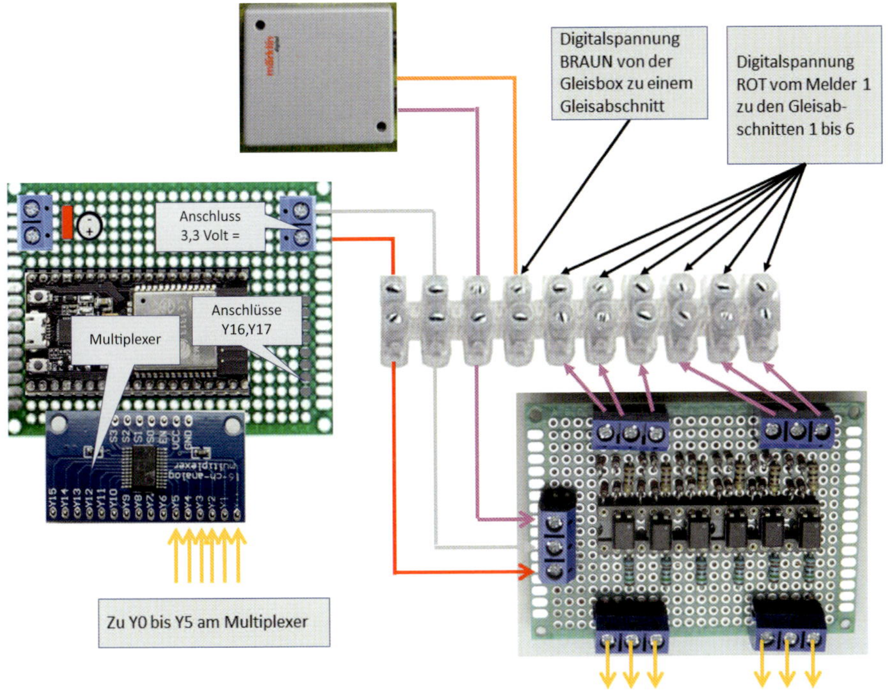

Abb. 2–28 *Das Gleisbesetztmeldersystem im Überblick*

Dieses Bild zeigt den Einbau eines Melders. An dieser Stelle ist es wahrscheinlich sinnvoll zu erwähnen, dass ich unter der Anlage ein Brett – etwa 20 mal 100 cm – senkrecht zur Grundplatte angebracht habe. Auf dieses Brett habe ich alle Decoder geschraubt. Am rechten Rand wurde die 5-Volt-Versorgung platziert. In die Grundplatte habe ich weiterhin etwa 10 x 3 cm große Schlitze eingebracht. Damit habe ich die Möglichkeit, alle Anschlüsse von den Gleisen oder später von den Servos etc. mit relativ kurzen Drähten zu den Decodern zu führen.

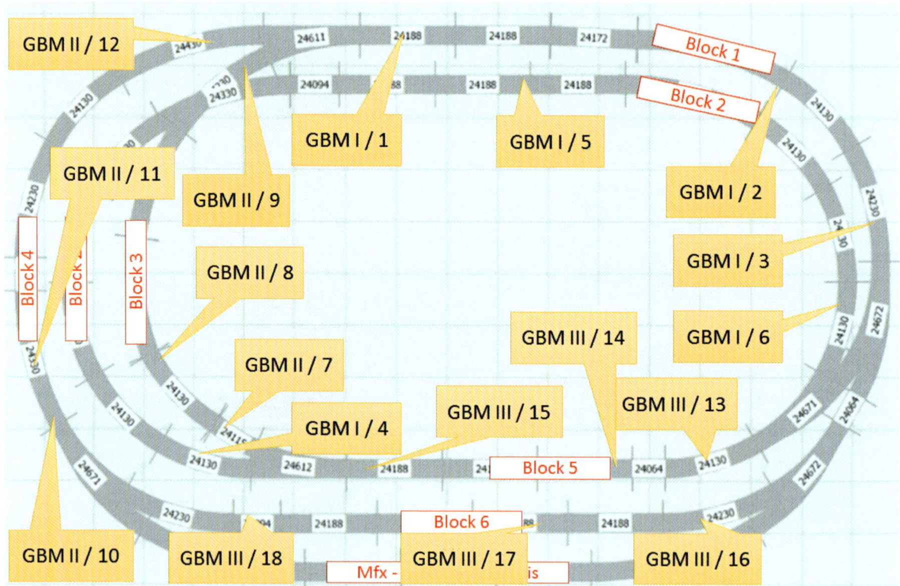

Abb. 2–29 *Die überwachten Gleisabschnitte und deren Zuordnung zu den Meldern*

Wenn wir im Anschluss an den Aufbau der Decoder die Gleisanlage aufbauen, müssen wir natürlich auch die Einteilung in die Gleisabschnitte berücksichtigen. Zunächst klären wir, um was es geht. Wir wissen, dass jedes Gleis die Digitalspannung in einer Hin- und einer Herleitung führt: Rot (Pickel in der Mitte der Gleise) und Braun (auf den Schienen). Die braune Leitungsführung, also die Schienen, wollen wir kontinuierlich fortführen. Aber wir werden die rote Zuführung (also die Pickel) über die Melder führen. Damit wir nicht Äpfel und Birnen messen, ist es dafür notwendig, die rote Leitung auf den Gleisen am Ende jedes Abschnitts zu unterbrechen.

Das machen wir mit solchen Mittelleiter-Isolierungen, die an jeder Schnittstelle zweifach anzubringen sind.

Abb. 2–30 *Mit diesen Mittelleiter-Isolierungen trennen wir die einzelnen Gleisabschnitte.*

Aus der Verbindung von den Gleisabschnitten zu den Meldern erfolgen gleich zwei Funktionen: Einmal natürlich anzuzeigen, ob ein Verbraucher auf dem Gleis steht, doch damit wird auch die berechtigte Forderung erfüllt, in gewissen Abständen, man spricht allgemein von etwa einem bis zwei Metern, Digitalspannung in die Gleise einzuspeisen. Denn an den Kupplungen herrscht doch ein Widerstand, wenn auch nur ein geringer, der sich an Lokomotiven, die einfach stehenbleiben, bemerkbar macht. Und so haben wir ungefähr jeden halben Meter eine Einspeisung. Ähnlich habe ich es auch mit der braunen Rückleitung gehalten. Dort habe ich in jeden Blockabschnitt eine Zuleitung geführt.

Das ist jetzt der hardwareseitige Aufbau der Gleisbesetztmelder. Noch weiß Win-DigiPet nichts davon.

Win-DigiPet

In unserem Steuerungsprogramm sind zwei Dinge zu tun. Einmal muss dem System mitgeteilt werden, wie viele Gleisbesetztmelder oder Rückmelder wir verbaut bzw. an das System angeschlossen haben, Zweitens muss Win-DigiPet wissen, wo die überwachten Gleisabschnitte liegen.

Aber diese Aufgabe erledigen wir nicht in diesem Abschnitt. Hier beschränken wir uns darauf, die Komponenten aufzubauen. Alle Integrations- und Parametrisierungsarbeiten überlassen wir dem, der mit der Bahn spielt. Der erhält mit Kapitel 4 seinen eigenen Abschnitt.

Aufbau der Gleisanlage

Nachdem wir nun ausdauernd mit dem Gleisoval gespielt haben, wagen wir uns an den endgültigen Gleisaufbau. Wir haben bereits auf Bild 1–5 den Verlauf gesehen. Dabei haben wir allerdings die dritte Dimension unterschlagen.

Hier ist nun der Gleisplan mit den eingetragenen Höhen. Es ist vielleicht nicht ganz einfach, sich ein Bild vom späteren Aussehen der Anlage zu machen. Deshalb empfehle ich einen kleinen Exkurs in den Abschnitt »Die Welt ist bunt und unsere Anlage auch«. Dort sind Bilder von der fertigen Anlage. Das kann beim dreidimensionalen Aufbau der Gleise helfen.

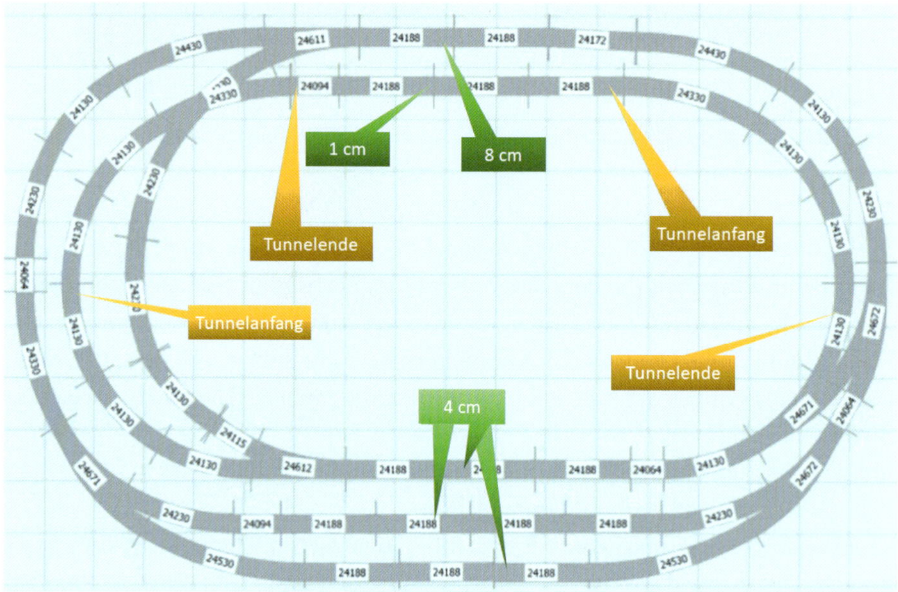

Abb. 2-31 *Mit diesen Höhen führen wir die dritte Dimension in unsere Anlage ein.*

Der Plan zeigt, dass eine einheitliche Höhe von 4 cm im Vordergrund es recht einfach ermöglicht, die Höhendifferenz von 7 cm im Hintergrund zu erreichen. Eine Strecke steigt um 4 cm, die andere, die später durch den Tunnel führt, fällt um 3 cm ab. Wir benötigen die Höhe aus zwei Gründen. Einmal muss sich die Brücke, die wir im hinteren Teil vorsehen, vom Niveau abheben. Zweitens kreuzen sich im linken Bereich zwei Strecken, wovon die obere natürlich so hoch angesiedelt sein muss, dass sich eine Mindestdurchfahrtshöhe von 7 cm ergibt. Mir wäre ein größerer Abstand der beiden Gleise noch lieber gewesen. Bei den Ausmaßen unserer Anlage lässt sich das aber nicht realisieren. Andernfalls wäre die Steigung bzw. das Gefälle der beiden Strecken zu groß geworden.

An der Kreuzungsstelle der beiden Strecken ist keine Brücke vorgesehen. Stattdessen verschwindet die untere Strecke, also die mittlere der drei linken, in einem Tunnel, so dass die obere ganz natürlich darüber verläuft. Auf der rechten Seite gibt es nochmal einen Tunnel, der anders als der linke nicht notwendig ist, aber das Gesamtbild aus meiner Sicht ausgewogener erscheinen lässt.

Nachdem wir das Gleisoval abgeräumt haben, liegt wieder eine leere Platte vor uns. Bevor wir nun die Gleise verlegen können, müssen wir das »3D-Modell« erzeugen. Dazu müssen wir die Trassenbretter, auf denen später die Gleise zu liegen kommen, abmessen, aussägen und mit Unterstützung von kleinen Pfeilern in der richtigen Höhe auf dieser Platte anbringen.

Abb. 2–32 *Die ersten Gleistrassen liegen schon.*

Die Abbildung zeigt bereits eine spätere Ausbaustufe, in der bereits die Gleise und auch die Signale eingebaut sind. Man erkennt die Trassenbretter und auch die kleinen Hölzchen darunter, die für die richtige Höhe und den notwendigen Halt der Brettchen sorgen. Den korrekten Verlauf der Trassen erzeugt man besten dadurch, dass man die Gleise eines kleineren Teils des Gleisverlaufs zusammenfügt, auf die Holzplatte legt und mit ca. 1 cm Abstand anzeichnet. Diese Einzelbrettchen leimt man dann zusammen und hat anschließend den Gesamtverlauf. In einem frühen Stadium sollte man die Brücke in den Aufbau integrieren. Wenn alles so weit gediehen ist, kann man die Gleise auflegen. Natürlich berücksichtigen wir dabei die Anschlüsse an den Gleisen für den Gleisbesetztmelder sowie die zusätzlichen Spannungsrückführungen. Das hört sich alles »easy« an, man merkt allerdings recht schnell, dass die dritte Dimension ihre Tücken hat. Doch es ist machbar!

Für den nächsten Tag ist die Motorisierung der Weichen vorgesehen. Voraussetzung dafür ist selbstverständlich, dass die Gleisanlage vollständig aufgebaut ist.

Zusammenfassung

Was können wir heute von der Leistungsbeschreibung abhaken?

Heute ist etwas Bedeutendes hinzugekommen. Wir haben den endgültigen Gleisverlauf kennengelernt. Ich denke, dabei können wir die Forderung nach »*längere gerade Strecken*« als umgesetzt betrachten. Und ein wesentlicher Punkt wurde erledigt. Mit den Gleisbesetztmeldern haben wir eine fundamentale Voraussetzung geschaffen, um sagen zu können, »*Dabei soll die Programmierung automatischer Fahrtabläufe in einfacher Form umsetzbar sein*«.

Tag 4: Jetzt kann man schalten und walten

Nachdem wir die Gleisbesetztmelder wahrscheinlich mit viel Mühe aufgebaut und vielleicht schon in Betrieb genommen haben, wissen wir zwar, wo die Züge sind, wir müssen sie aber immer dort langfahren lassen, wo die Weichen sie gerade hinführen. Das kann natürlich nicht so bleiben. Der Weichenantrieb, den die Firma Märklin verwendet, sieht so wie hier abgebildet aus.

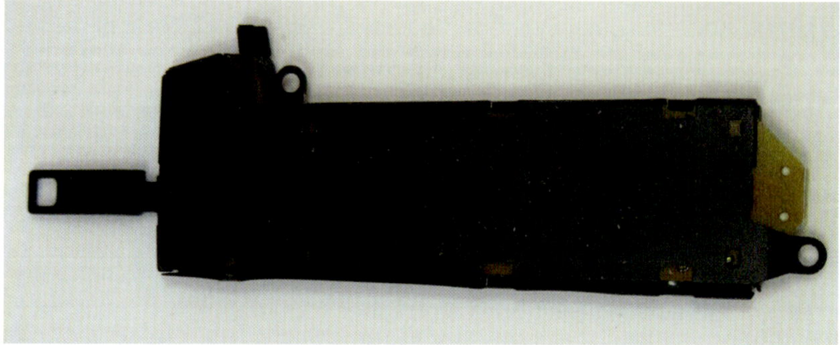

Abb. 2–33 *Mit diesem Weichenantrieb werden die Weichen normalerweise bewegt.*

Das Stellen der Weichen ist eine der wichtigsten Aufgaben bei einer Modellbahn. Dabei sind zwei Aspekte zu berücksichtigen. Dies ist einmal das Dekodieren des Weichenbefehls und dann das eigentliche mechanische Verstellen der betroffenen Weiche.

Als Erstes soll der mechanische Prozess dargestellt werden. Dabei schielen wir zunächst auf die handelsübliche Märklin-Lösung. Dort wird die Weiche (auch die Kreuzung) von einem Weichenantrieb (siehe Bild) gestellt.

Abb. 2–34 *Der CANguru-Servoantrieb*

Dieses Teil ist unter eine Weiche geschraubt und enthält intern eine Doppelspule, die auf Befehl hin- und hergeschoben wird und damit auch die Stellung der Weiche verändert. Funktional ist nichts dagegen einzuwenden. Allerdings hat man sich mit dieser Realisierung ziemlich weit von der Wirklichkeit entfernt. Denn der Umschaltvorgang ist ein relativ schneller (Bruchteil einer Sekunde) und mit einem unangenehmen, weil artfremden Geräusch verbunden. Deshalb schied für mich diese Lösung aus.

Viel eher geeignet ist da eine Lösung, bei der mit Hilfe eines Servoantriebs die Weiche umgestellt wird. Dies ist zwar keine neue Erfindung und anderswo auch bereits beschrieben. Dennoch möchte ich hier meine Lösung darstellen, da sie doch vom Mainstream etwas abweicht. Auf dem nebenstehenden Bild ist der Servoantrieb mit einem Hebelarm zu sehen. Der Hebelarm wiederum ist mit Draht über ein kleines Drehgestell mit der Weichenzunge verbunden und überträgt damit die Drehbewegung des Servos auf die Weiche. Für diese Lösung ist ein Halter für den Servo notwendig, der so konstruiert wurde, dass er für die Weichentypen (Bogenweiche, gerade Weichen, jeweils links und rechts) des Märklin-C-Gleises nutzbar ist. Lediglich die kleinen Flügelchen, die den Servo halten, müssen je nach Ausrichtung der Weiche nach vorne oder nach hinten gebogen werden. Da die Halter in einer größeren Zahl – auch schon für eine mittlere Anlage – benötigt werden, wurden sie mit einem CAD-Programm konstruiert und auf einer Portalfräse ausgeschnitten. Damit ist sichergestellt, dass es kein Verschneiden gibt und alle Halter in einer gewissen Toleranz liegen und dann auch passen. An dieser Stelle drängt sich möglicherweise dem einen oder anderen Leser die Frage auf, weshalb Servo und Weiche durch einen mehr oder weniger starren Draht miteinander verbunden sind. Denn hier weicht die Lösung von anderen Angeboten ab. Der Grund dafür ist, dass die sonstigen Unterflurlösungen mit Draht von unten in die Weiche mir etwas fummelig erscheinen, d.h. immer dann, wenn wenig Raum zu Verfügung steht, nur schwierig einzubauen sind. Dagegen wird bei dieser Lösung die funktionierende, weil vorher überprüfte Weiche als Ganzes von oben in den Ausschnitt gesetzt. Auch eine eventuell notwendige Reparatur erscheint mir so einfacher. Wichtig ist dabei lediglich, dass der für den Stellvorgang benutzte Draht nicht zu steif ist. Denn falls der Servo dann doch aus irgendwelchen meist nicht nachvollziehbaren Gründen über sein Ziel hinausschießt, dann muss sich der Draht verbiegen können. Und anschließend, wenn der Servo in die entgegengesetzte Richtung gefahren wurde, steht der Draht wieder wie eine Eins.

Die Frage, wie man seine Weichen umschaltet, ist – wie vieles im Leben – eine Geschmacksfrage und die Antwort bleibt dem Leser überlassen. Wenn man allerdings von dieser Lösung abweicht, so ist zu bedenken, dass der Decoder den Servo genau den Weg zurücklegen lässt, der benötigt wird, um die Weiche so wie beschrieben umzulegen.

Ziel des 4. Tages

Der CANguru-Weichendecoder wird aufgebaut und die Servos werden in die Weichen eingebaut. Erste Konturen der Landschaft entstehen.

Was wird heute benötigt?

Um die Weichen steuern zu können, besorgen wir uns folgendes Material:

Für die beiden CANguru-Weichendecoder

- 2 CANguru-Basisdecoder
- 2 mal 4 Widerstände 10 kΩ
- 2 mal 4 Stiftleisten mit 3 Pins
- Eventuell etwas Schrumpfschlauch

Für die Motorisierung der Weichen:

- 6 Mini-Servos
- Weiteres Kleinmaterial wie in der Abbildung dargestellt

Für die Modellierung der Landschaft:

- Pappelholz
- Raufasertapete

- Kleister
- Modellier-Gipsgewebe der Firma Noch Art. Nr. 60980

Um- und Einbau der Weiche

An dieser Stelle muss darauf hingewiesen werden, dass der im Folgenden beschriebene Decoder sich ausschließlich zur Ansteuerung von Mini- oder Linear-Servos eignet. Der dafür aufzuwendende Strom kann von dem ESP32-Modul problemlos aufgebracht werden. Das Schalten der oben beschriebenen Spulen benötigt deutlich mehr Strom und weitere Vorkehrungen, die hier nicht berücksichtigt sind. Also alles oder gar nichts.

Steuern mit Mini-Servo

Um eine C-Gleisweiche für den Betrieb mit einem Mini-Servo umzubauen, muss man dann doch etwas tiefer in seine Eingeweide eindringen. Doch zunächst stellen wir zusammen, was für den Umbau benötigt wird (Bild). Um es vorweg zu nehmen, auf dem Bild fehlt etwas ganz Wichtiges. Es ist eine Menge Mut notwendig, die geliebte und teure Weiche zu zerlegen. Aber ich kann alle Leser beruhigen. Bei mir hat es weit über zwanzigmal ohne große Probleme funktioniert. Also los geht es.

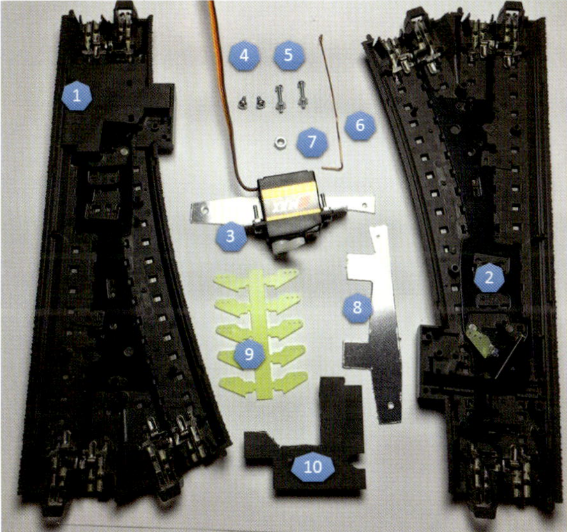

1	C-Gleisweiche vor dem Umbau
2	C-Gleisweiche nach dem Umbau, Bodenplatte abgenommen
3	Miniservo mit angeschraubtem Halter
4	Blechschraube 2,2 x 4,5 zum Anschrauben des Halters (2 Stück)
5	Gewindeschraube M2 x 10 mit Mutter zur Befestigung des Miniservos (2 Stück)
6	Kupferdraht 0,6 mm
7	Mutter M 2,5 zur Aufnahme des Anlenkhebels
8	Halterung aus Alublech 0,8 mm
9	Anlenkhebel
10	Modifizierte Bodenplatte

Abb. 2–35 *Kleinteile, die für den Umbau der Weichen auf Servoantrieb notwendig sind*

Für den Umbau der Weiche werden neben dem Mini-Servo diverse Kleinteile benötigt.

Wir benötigen zunächst einmal natürlich das Objekt der Begierde, also die Weiche – rechts oder links, Bogenweiche oder normale Weiche, aber C-Gleis. Wenn wir später die Bodenplatte unter der Weiche abgenommen haben, sehen wir deren Innenleben.

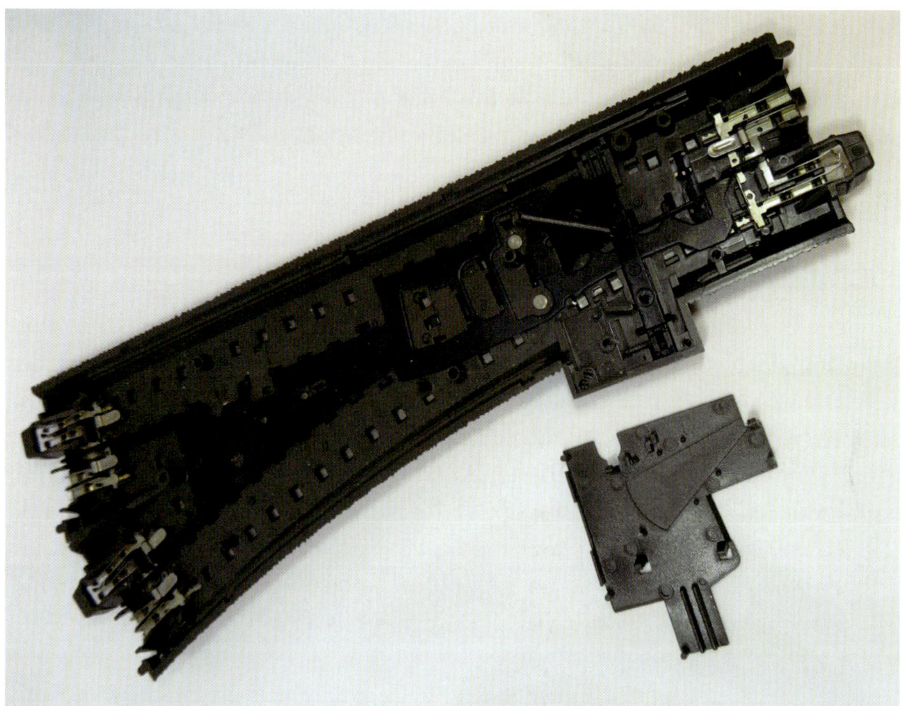

Abb. 2–36 *Eine Weiche mit abgenommener Bodenplatte von unten*

Dann fehlt noch ein Mini-Servo, nicht unbedingt der allerbilligste. Billigprodukte neigen zum Zittern, was einfach stört und auch zu Betriebsproblemen führen kann. Ich habe mit dem abgebildeten Produkt gute Erfahrungen gemacht. Weiterhin der angesprochene Draht, ich habe Klingeldraht mit einem Durchmesser von 0,6 mm benutzt. Zum Befestigen des Servos werden kleine Schräubchen (M2) mit Mutter gebraucht. Ebenso benötigen wir kleine Blechschrauben, um die Halterungen an die Weiche zu schrauben. Die abgebildeten Anlenkhebel (Ruderhörner) werden eigentlich bei Flugmodellen eingesetzt.

Hier verbinden sie die kleine Drehscheibe über den bereits angesprochenen Draht mit dem Servo. Der Servohalter wird aus 0,8 mm starkem Alublech aus dem Baumarkt gefertigt. Folgendes Bild zeigt die Umrisse als Fahrweg einer CNC-Fräse. Da dafür bei einer mittleren Anlage bereits etliche Exemplare benötigt werden, bietet sich der Einsatz einer Portalfräse an. Im Downloadbereich habe ich entsprechende Dateien abgelegt.

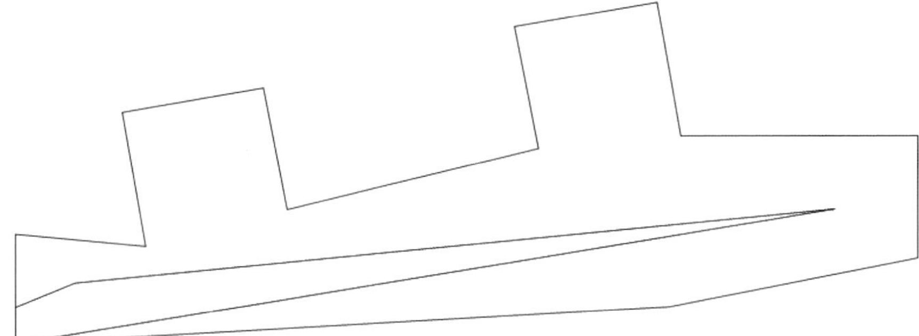

Abb. 2–37 *Der Verfahrweg für eine CNC-Fräse der Halterung für einen Servo*

Muss man das Ganze zu Fuß erledigen, hilft der Griff zur Laubsäge. Wenn wir alles Benötigte bereitgelegt haben, kann es losgehen.

1. **Schritt: Einbauplatz festlegen**
   Bevor die Weiche umgebaut wird, sollte der Einbauplatz in der Anlage festgelegt werden. Also legen wir den gesamten Gleisverlauf aus und zeichnen alle Weichen an, indem die Umrisse aller Weichen mit einem Stift umfahren werden. Das ist notwendig, um später die für den Einbau der Weichen notwendigen Ausschnitte richtig platzieren zu können. Das ist jetzt noch einfacher, solange noch keine Servos unter den Weichen das Hinlegen erschweren. Danach können die Weichen wieder aus dem Gleisverlauf entfernt werden.
2. **Schritt: Vorbereiten der Weiche**
   Es ist vorteilhaft, eine Schaumstoffplatte auf den Arbeitstisch zu legen und die Weiche darauf mit den Gleisen nach unten zu platzieren. Mit einem kleinen Schraubenzieher hebeln wir dann die Bodenplatte (Bild 2–36) ab.

   Darunter finden wir die Drehscheibe, die die Seitwärtsbewegung des Umlenkhebels der Weiche in die Bewegung der Weichenzunge umwandelt. Daran werden nacheinander eine Mutter und der Anlenkhebel, der etwas zugespitzt werden muss, mit Sekundenkleber befestigt.

Abb. 2–38 *Der Anlenkhebel wurde eingeklebt. Darüber wird später die Verbindung zum Servo hergestellt.*

Wenn das gelungen ist, ist die Tat schon halb vollbracht. Möglicherweise springt Ihnen bei dieser Aktion die Drehscheibe aus der Halterung und die daran befestigte Feder weg. Falls die Feder unauffindbar bleibt, ist das kein allzu großes Problem. Zum Wiedereinsetzen gehen Sie erfahrungsgemäß am besten so vor: Sie befestigen die Feder zunächst an dem kleinen Hebel an der Drehscheibe, halten beide Teile dann zwischen Zeigefinger und Daumen der linken Hand eingeklemmt und ziehen vorsichtig das andere Ende der Feder an den Halter an der Weiche. Wenn das gelungen ist, muss die Drehscheibe wieder auf den kleinen Stutzen gesetzt werden, und zwar so, dass der kleine Finger (der der Drehscheibe, nicht Ihrer!) unterhalb der Drehscheibe in das kleine Loch in der Verbindungsleiste zwischen Umlenkhebel und Weichenzunge zu sitzen kommt. Anschließend sollte die Weiche wieder richtig funktionieren. Wenn Sie das probieren, sollten Sie die Weiche nicht umdrehen, da Ihnen ansonsten alle Teile möglicherweise wieder aus der Weiche rausfallen.

3. **Schritt: Einbau des Servos**

   Wenn Sie die Servohalterung wie oben beschrieben bereits ausgesägt haben, sollten Sie nun eine Sitz- oder Stellprobe für den Servo unternehmen. Eventuell müssen Sie noch etwas nachfeilen. Passt es, dann können Sie nun auch die Bohrungen an den kleinen Ohren anbringen. Am besten lassen Sie den Servo am späteren Einbauort und bohren dann. Das stellt einigermaßen sicher, dass die Löcher passen. Anschließend biegen Sie die Ohren um 90 Grad nach vorne oder hinten, je nachdem, ob es sich um eine rechte oder linke Weiche handelt. Hat das alles funktioniert, schrauben Sie den Servo an die Halterung und anschließend die Halterung mit den Blechschrauben an die Weiche. Sie benutzen dafür die Löcher, in denen auch der Märklin-Weichenantrieb festgeschraubt wird. Nun muss noch die Bodenplatte so beschnitten werden, dass der Anlenkhebel in jeder Stellung sichtbar ist (siehe hierzu auch die vorigen Bilder). Das bewerkstelligen wir am besten mit einem kleinen Seitenschneider.

4. **Schritt: Verbinden des Servoarms mit dem Anlenkhebel**
   Diesen letzten Schritt können Sie jetzt noch nicht vornehmen. Das geht deshalb nicht, weil der Servoarm ja irgendwo steht und nicht in einer definierten Links- oder Rechtsstellung. Also warten Sie bitte, bis der Decoder fertig ist und die Weiche daran angeschlossen wird.

   Wenn diese Voraussetzung gegeben ist, entfernen Sie den Servoarm und fahren die Weiche in die hintere Stellung, also wenn die Drehrichtung von der Drehscheibe wegläuft. Nun befestigen Sie den Servoarm so, dass er ungefähr senkrecht steht und schrauben ihn fest. Lassen Sie den Servo nun hin- und herlaufen und stellen Sie sicher, dass er frei laufen kann. Nun kürzen Sie den Draht so, dass er etwa 1 cm an jedem Ende länger ist als die Verbindungslinie zwischen dem äußeren Loch im Servoarm und dem äußeren Loch im Anlenkhebel und biegen ein Ende zu einem Haken um. Diesen »Spazierstock« fädeln Sie in das äußere Loch im Anlenkhebel, biegen Sie das andere Ende in Höhe des äußeren Lochs im Servoarm um, schieben es durch den Servoarm und biegen Sie diesen Teil erneut als Sicherung um. Das war‘s schon!

Einbau der Weiche

Wenn das gute Stück, die erste Servoweiche, nun fertig ist, so will sie jetzt auch in die Anlage eingebaut werden. Dazu erstellen wir uns zunächst eine Schablone für die Bogen- bzw. die gerade Weiche.

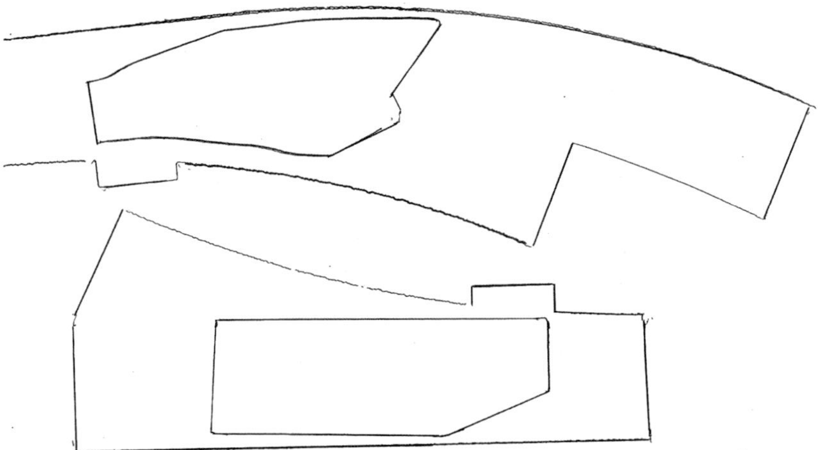

Abb. 2–39 *Mit diesen Schablonen können Sie die notwendigen Ausschnitte für die Weichen in die Trassenbretter anzeichnen.*

Die linke bzw. rechte Weichenvariante wird durch Umklappen der Schablone erreicht. Die entsprechende Schablone legen wir nun auf einen Umriss, den wir ganz zu Beginn des Arbeitsablaufs mit Schritt 1 angebracht haben. Anschließend umfahren wir den freien Innenraum der Schablone und sägen diesen Teil mit einer Stichsäge aus. Dabei hat es sich als hilfreich erwiesen, die Ecken der Schablone vorzubohren, um der Säge den Richtungswechsel zu erleichtern. Es sollte außerdem bei Nutzung einer Stichsäge darauf geachtet werden, dass das Blatt der Säge nur den gewünschten Ausschnitt zersägt und keine sonstigen wertvollen Teile unterhalb der Platte. Zum Abschluss positionieren wir die Weiche am gewünschten Ort und könnten sie jetzt anschließen, wenn wir schon den zugehörigen Decoder hätten.

Umbau mit Linear-Servo

Die Welt wäre langweilig, wenn es nicht häufig Alternativen gäbe. So auch bei dem Einbau der Mini-Servos. Denn man muss schon zugestehen, dass der Umbau der Weiche damit nicht ganz so einfach und schnell vonstatten geht. Was auf jeden Fall für diese Lösung spricht, sind die geringen Kosten. Denn Mini-Servos bekommt man bereits für weniger als 2 €. Linear-Servos, die für den Einbau in die Weiche geeignet sind, nehmen da eine besondere Rolle ein. Auch eine längere Recherche im Internet hat nur einen Kandidaten hervorgebracht. Das ist das Linear-Servo VS-19 PICO, das bei einem kanadischen Anbieter erhältlich ist. Man muss aber nicht über den großen Teich, um es zu besorgen, denn es gibt für Europa ein Auslieferungslager in Frankreich. Es kostet etwas mehr als 10 €. Dafür ist es aber mit den Maßen 29 x 7,3 x 15,7 mm wirklich sehr klein und ragt nach dem Einbau nur etwa 2 mm über den Weichenunterrand heraus. Falls man zur Schallreduzierung einen weichen Untergrund verwendet, wie beispielsweise eine Trittschalldämmung, die normalerweise unter dem Laminat eingesetzt wird, kann die Weiche einfach hingelegt werden. Besser noch man schneidet eben dieses kleine Rechteck aus dem Material der Trittschalldämmung heraus.

Linear-Servos haben gegenüber den herkömmlichen Servos den riesigen Vorteil, dass sie die Bewegung bereits in der richtigen Dimension anbieten, wobei bei den normalen Servos die Kreisbewegung erst mechanisch in eine Längsbewegung umgewandelt werden muss. Diese Umwandlung erfordert natürlich einen gewissen Aufwand.

Das folgende Bild zeigt eine solche umgebaute Weiche, bei der die umseitige Abdeckung abgenommen wurde. Nach dem Umbau sollte die wieder angebracht werden. Es soll ein weiterer Vorteil dieser Anwendung erwähnt werden: Die Weiche wird nicht verändert! Es wird nichts herausgeschnitten oder drangeklebt.

Bei dem schwarzen Rechteck handelt es sich genau um diesen Servo. Es ist auf eine kleine Polystyrol-Platte (0,5 mm stark) aufgeklebt. In diese Platte habe ich

3 Löcher gebohrt (1,5 mm). Dadurch kann man sie auf die 3 Zapfen drücken, die ohnehin auf der Weiche werksseitig aufgebracht sind.

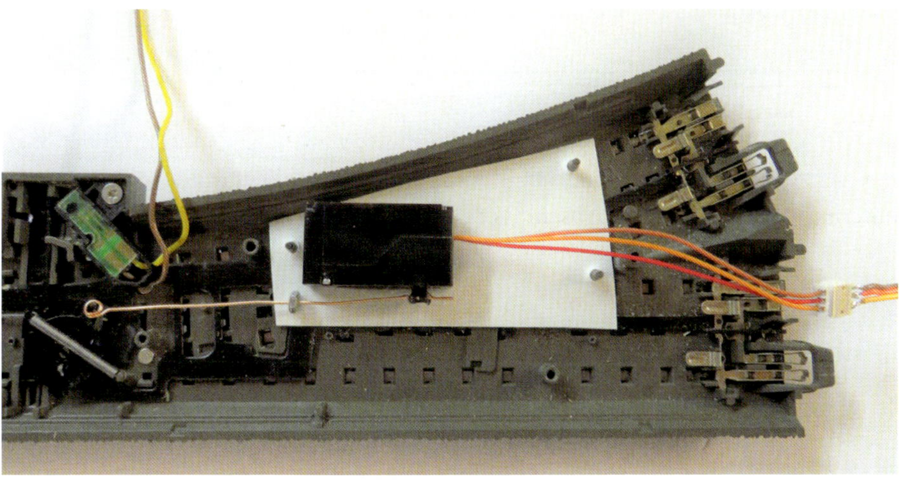

Abb. 2–40 *Das Linearservo wurde auf eine Polystyrolplatte geklebt und schaltet die Weiche über einen dünnen Draht.*

Der kleine Servo-Hebel, der unsere Weiche umschalten soll, weist ursprünglich nur eine winzige Bohrung in der Richtung parallel zur Längsseite des Servos auf. Bevor der Servo aufgeklebt wird, muss diese Bohrung angepasst werden, damit später der Führungsdraht dort durchgeschoben werden kann. Dafür habe ich dünnen Klingeldraht verwendet, der sich recht gut verarbeiten lässt. Zur weiteren Stabilisierung habe ich eine kleine Mutter auf das Plastik geklebt und den Draht dort durchgeschoben. Sie können dafür auch ein kleines Messingröhrchen verwenden. Mit der Weiche ist er an diesem kleinen Teller bzw. an der dort sichtbaren Nase verbunden. Alles Weitere kann man der Abbildungen entnehmen.

Noch ganz wichtig ist Folgendes.

Der Servo darf nicht mit 5 Volt sondern mit einer Spannung zwischen 2,5 und maximal 3,7 Volt betrieben werden. Deshalb muss das Schaltbild um einen 3,3 Volt Spannungsregler erweitert werden, wie er auch beispielsweise bei dem Lichtdecoder eingesetzt wird.

Die Kabel weisen am Ende einen von den Mini-Servos abweichenden Stecker auf, der nicht auf unseren Decoder passen würde. Man kann den einfach abschneiden und gegen den passenden tauschen oder man verwendet eine JST – Stiftleiste (RM 1,5 mm, 1x3 polig), um die Verbindung zu einer Verlängerung herzustellen.

Da für den Linear-Servo auch spezielle Parameter für die angesteuerten Winkel und auch die Verzögerung gefordert sind, wurde dafür eine eigene Software im Downloadbereich zur Verfügung gestellt.

Der Decoder

Bevor wir uns ans Bauen begeben, schauen wir mal, was wir in den Weichendecoder einbauen müssen. Der Schaltplan gibt uns da Auskunft:

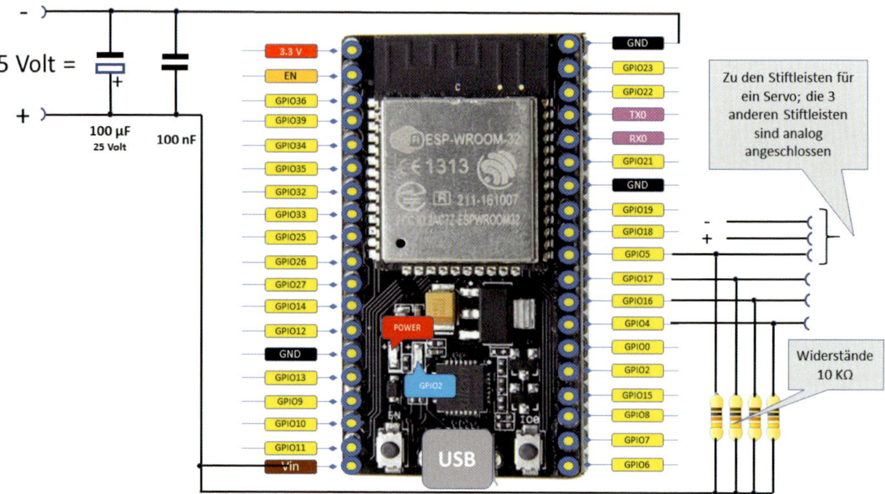

Abb. 2–41 *Der Schaltplan des Weichendecoders*

An Bauelementen sind lediglich die vier Widerstände sowie die Stiftleisten, an die die Servos angeschlossen werden, hinzugekommen. Die Widerstände sorgen für steile Flanken der Digitalspannung an den beteiligten Pins des ESP32. Falls Sie Probleme bekommen, die Rückseite so aufzubauen wie vorgesehen, können Sie notfalls die Widerstände weglassen. Meistens funktioniert der Decoder auch so. Jetzt geht es zum Aufbau.

An dieser Stelle setzen wir voraus, dass Sie bereits einen Basisdecoder aufgebaut haben, bzw. für die sechs Weichen benötigen wir zwei davon. Diesmal ist der Weg zum Weichendecoder relativ kurz. Es sind nur wenige Bauelemente auf die Platine eines Basisdecoders zu löten.

Das folgende Bild zeigt die Komponentenseite des Weichendecoders. Das ESP32-Modul ist noch nicht eingesteckt, so dass man gut erkennen kann, wo die vier Widerstände eingesteckt wurden. Die verschwinden später hinter dem ESP32.

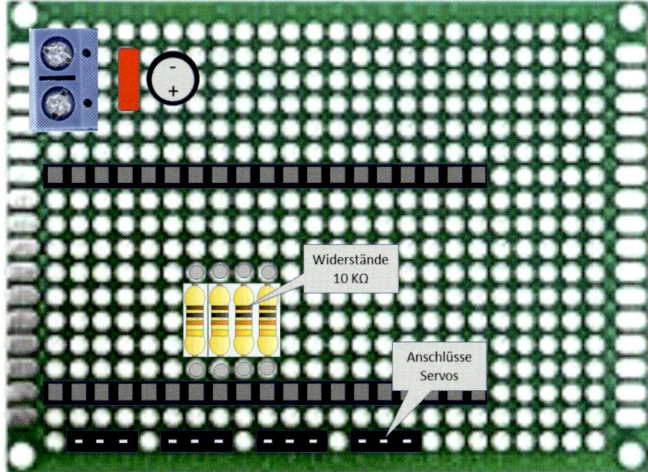

Abb. 2–42 Die Komponentenseite des Weichendecoders ohne Prozessormodul. Dadurch werden die eingebauten Widerstände sichtbar.

Die Widerstände sind relativ robust, so dass im Unterschied zu den Dioden hier beim Einlöten keine Probleme auftauchen sollten. Es ist auch gleichgültig, wie herum Sie die Widerstände einstecken.

Wenn Sie sich nun die Lötseite anschauen, empfinden Sie möglicherweise die Verdrahtung der Bauelemente doch nicht als so einfach. Deshalb gebe ich hier noch ein paar Hinweise dazu.

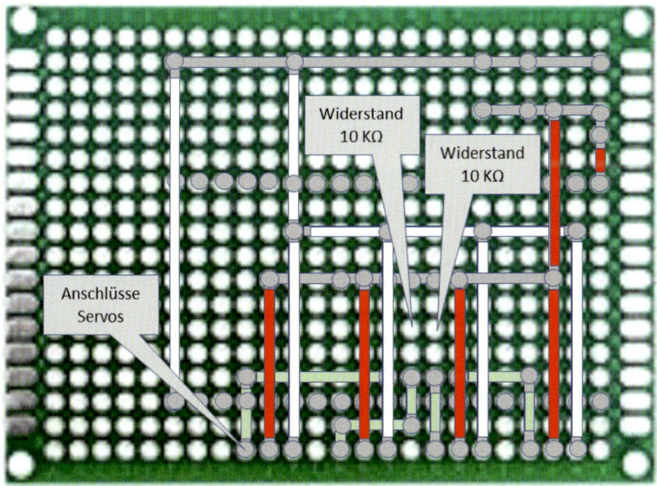

Abb. 2–43 Die Lötseite des Weichendecoders

Wenn Sie den Basisdecoder fertiggestellt haben, löten Sie zunächst die vier Stiftleisten ein. Ähnlich wie Sie das beim Einlöten der Buchenleiste für das ESP32-Modul gemacht haben, nehmen Sie für die Stiftleisten nun eine Buchsenleiste zu Hilfe. Stecken Sie vier Stiftleisten in die Buchsenleiste, dann in die Platine und schnell festlöten. Jetzt können Sie die Buchsenleiste wieder entfernen. Nun stecken Sie die vier Widerstände an der dafür vorgesehenen Stelle von oben durch die Platine. Knicken Sie nun die Zuleitungen der Widerstände, die zur Platinenmitte zeigen, so um, dass sie eine Gerade parallel zur Platinenseite bilden und sich dadurch miteinander verbinden. Diese Drähte können Sie nun verlöten. Jetzt kommen die roten Verbindungen zu den Stiftleisten sowie zur 5-Voltversorgung dran. Es ist wichtig, dass die vier hellgrünen Verbindungen von den noch freien Enden der Widerstände zu den Stiftleisten gezogen werden. Wenn Sie Schrumpfschlauch zur Verfügung haben, können Sie die Drahtenden der Widerstände damit überziehen und dann verlöten. Mit dem Schrumpfschlauch haben Sie eine gute Isolation gegenüber den jetzt noch anzubringenden weißen Masseverbindungen.

Damit haben Sie auch die Weichensteuerung fast fertig. Wenn jetzt die Hardware steht, kommt noch die Software auf die Boards und dann haben Sie das auch geschafft.

Die Landschaft wird modelliert

Jetzt sind wir doch schon ganz schön weit vorangekommen. Die Züge fahren und wir können deren Richtung bestimmen, indem wir die Weichen schalten. Aber noch sieht das Ganze nicht nach Modellbahn aus. Alles ist Technik und die Gleise liegen auf nackten Holzplatten. Das soll sich nun ändern. Bevor aber das pure Holz unter einer Landschaft verschwindet, sollten wir noch eine Landschaft modellieren.

Die grobe Struktur der Anlage sieht ja vor, dass wir vorne eine Höhe von ca. 4 cm haben, die zum anderen Ende, also Richtung Brücke, auf 1 cm abfällt. Unsere erste Aufgabe ist nun, daraus eine natürliche Landschaft zu modellieren. Dazu teilen wir das Gelände in Abschnitte auf, die stetig tiefer liegen und jeweils eben sind. Diese Geländestreifen ziehen sich also über die gesamte freiliegende Breite, aber natürlich nicht als Rechtecke, sondern etwas in Schlangenform (Abb. 2–44).

Wenn uns das gelungen ist, gehen wir daran, die Tunnel vorzubereiten (Abb. 2–45). Ich habe mir das etwas einfach gemacht und zwei fertige Tunnel gekauft. Die habe ich allerdings nicht einfach auf die Anlage gestellt, sondern so zerschnitten, dass ich die vier Portale mit etwas Gelände nutzen kann. Diese Teile werden zunächst auf der Bahn montiert. Danach bekommt man schon mal eine Vorstellung davon, wo es hingehen soll.

Abb. 2–44 *Die Höhenabstufungen wurden mit Pappelsperrholz ausgeführt.*

Abb. 2–45 *Ein erstes Tunnelportal steht.*

Um anschließend die Form der Tunnel zu erreichen, werden Spanten geschnitten, die im Abstand von ca. 8 cm zwischen die Portale geklebt werden (Abb. 2–46).

Um die 3D-Modellierung noch etwas stärker auszuprägen, habe ich ein Ausflugslokal sozusagen als »Höhepunkt« vorgesehen. In diesen Zusammenhang wurde ein Teil des Fertigtunnels als Hang integriert. Die Abb. 2–47 zeigt analog zur linken die rechte Seite der Anlage. Dort wurde der Tunnel ebenso mit Rippen versehen und vervollständigt. Damit ist die erste Stufe des Aufbaus der Modellanlage, die 3D-Modellierung, bereits abgeschlossen.

Im Weiteren geht es nun darum, eine Haut über das Ganze zu ziehen und ein Kontinuum einer realen Landschaft nachzubilden.

Viele Wege führen zum Erfolg. Ich habe mich – auch aus Kostengründen – dazu entschlossen, zunächst eine Haut aus Raufasertapete anzubringen. Als Kleber habe ich stilecht Kleister verwendet (Abb. 2–48). Auch dieser Vorgang ist nicht ganz einfach. Mit etwas Geduld kriegt man das auch hin.

Abb. 2–46 *Mit den Spanten hinter dem Tunnelportal wird der Tunnel geformt.*

Abb. 2–47 *Auch der rechte Tunnel wird vorbereitet.*

Abb. 2–48 *Die Raufasertapete ist auf den Spanten aufgebracht.*

Wenn dann nach einigen Stunden alles getrocknet ist, wird man feststellen, dass die Festigkeit dieser Konstruktion doch noch etwas zu wünschen übriglässt. Zwar werden die Teile nicht stark belastet, dennoch ist eine gewisse Festigkeit für die nächsten Arbeitsschritte erforderlich.

Deshalb wird der Prozess nun wiederholt, allerdings nicht wieder mit Tapete, sondern diesmal mit Gipsbinden, die man im einschlägigen Fachhandel erhält. Die Binden sind in Form von kleinen Rollen mit 1 m Bandlänge erhältlich. Zunächst schneidet man davon kurze Stücke ab, die man in einem Arbeitsgang platzieren kann. Dieses Stück hängen wir kurz in kaltes Wasser und legen es dann auf die bereits getrocknete Tapete (Abb. 2–49).

Den Gipsbinden sollten wir ausreichend Zeit zum Trocknen geben. Nach einigen Stunden – spätestens hier merken wir, dass dieser Tag deutlich länger ist als andere – können wir eine Belastungsprobe wagen und stellen fest, dass die Festigkeit deutlich zugenommen hat (Abb. 2–50). Diesen Vorgang der Geländemodellierung beschränken wir nicht auf die Tunnel alleine, sondern wir müssen natürlich auch die Lücken zwischen den Gleisen und die Treppen, die wir im vorigen Arbeitsgang in das Gelände eingebracht haben, in gleicher Weise bearbeiten.

Die Gipsbinden müssen wir nicht an allen Stellen, auf die Tapete aufgebracht wurde, anbringen. Wichtig ist nur, dass alle harten Übergänge verschwinden (Abb. 2–51). Nur wenn alles naturähnlich geglättet ist, können wir diesen Arbeitsgang als erledigt abhaken.

Abb. 2–49 *Auch auf der linken Seite wird das Gelände geformt.*

Abb. 2–50 *Die Gipsbinden auf der Raufasertapete geben dem Gelände mehr Stabilität.*

Abb. 2–51 *Bald sind alle harten Übergänge verschwunden.*

Zusammenfassung

Heute können wir von den Forderungen der Leistungsbeschreibung eine Menge als erledigt betrachten.

Fangen wir damit an: »*mehrere (vielleicht 4 bis 6) Weichen*«. Die sind in das System integriert. Auch wenn noch nicht finalisiert, so sind die Anfänge gemacht und wir haben »*Mindestens eine Brücke, Modellierung in einem hügeligen Gelände mit einem echt wirkenden Hintergrund, einen Tunnel, einen tatsächlichen Bahnhof sowie möglichst mittig Platz für eine kleine Stadt*«. Und wir haben nicht nur einen, sondern sogar zwei Tunnel vorzuweisen.

Tag 5: Signale regeln den Betrieb

Mit dem nun vorhandenen Instrumentarium können wir bereits einen automatisierten Betriebsablauf umsetzen. Von der Optik fehlt uns aber dann doch etwas. Denn es sähe schon komisch aus, wenn Autos länger an der Kreuzung stehenblieben und dann plötzlich wie von Geisterhand wieder losfahren. Das wäre dann eine Welt ohne reale Ampeln, aber mit virtuellem Ampelbetrieb. Und genau so wäre unser Betrieb auf der Anlage ohne Signale. Also ich denke, die müssen schon sein, sie gehören einfach dazu. Wie schon an anderer Stelle beschrieben, haben wir zwei verschiedene Signale im Angebot, die alten Formsignale und die modernen LED-Signale. Die Formsignale geben sicherlich von der Optik mehr her, sind aber schwieriger aufzubauen. Sie benötigen ähnlich wie die Weichen einen Servo mit Halterung. Die LED-Signale sind im Aufbau einfach, wenn man sie nicht sogar fertigt aufgebaut kauft, sind dafür aber von der Optik etwas schlichter. Wir fangen mal mit den Formsignalen an.

Was wollen wir am Tag 5 erreichen?

Der CANguru-Signaldecoder wird aufgebaut, die Servos werden in die Formsignale integriert und die Signale werden in die Anlage gebracht. Zum Abschluss wird die Anlage begrünt und mit Leben beglückt.

Was wird für die Signale und die Landschaft benötigt?

Für die beiden Formsignale:

- 1 CANguru-Weichendecoder
- 2 Mini-Servos
- 2 Märklin-Signale Art. Nr. 7039
- 2 zugeschnittenes Alublech

Für die vier LED-Signale:

- 4 LED-Signale, Viessmann 4011A H0 Lichtsignal Blocksignal Bausatz DB
- 1 CANguru-Basisdecoder
- 2 mal 4 Stiftleisten mit 3 Pins

Für die Vollendung der Landschaftsmodellierung:

- Spachtel in der Ausprägung Fels-Spachtel »Granit« Firma Noch Art. Nr. 60880
- Spachtel in der Ausprägung Fels-Spachtel »Sandstein« Firma Noch Art. Nr. 60890
- Spachtel aus dem Baumarkt
- Schotter für die Gleise Firma Busch Art. Nr. 7069
- Schotter für die Wege Firma Busch Art. Nr. 7060
- Grasmatten der Firma Noch Art. Nr. 00005, der Firma Faller Art. Nr. 180466, 180488, 180471
- Diverse Ausstattungsdetails, wie Teich der Firma Busch Art. Nr. 1210, Heu- und Strohballen der Firma Busch Art. Nr. 1212, Bäume der Firma Noch Art. Nr. 25150
- Fahrzeuge, Personen
- Diverse Gebäude

Die Formsignale

Die gute Nachricht ist, wir werden für die Formsignale die gleiche Platine wie bei den Weichen benutzen. Die schlechte Nachricht dagegen lautet, beim Aufbau der Formsignale wird es wieder etwas fummelig. Von den insgesamt sechs Signalen, die wir vorgesehen haben, werden wir zwei als Formsignale ausbilden. Wir wählen dazu die beiden aus, die uns nicht anschauen. Hätten wir dort LED-Signale, könnten wir nie sehen, ob sie auf Rot oder Grün geschaltet sind. Bei den Formsignalen ist das kein Problem.

Was brauchen wir für die Formsignale?

Da der Markt für solche Signale, die sich auch zum Umbau mit einem Servo eignen, ziemlich übersichtlich ist, habe ich mich entschlossen, auf die alten Formsignale von Märklin zurückzugreifen. Die kann man recht preisgünstig in dem bekannten Auktionshaus ersteigern.

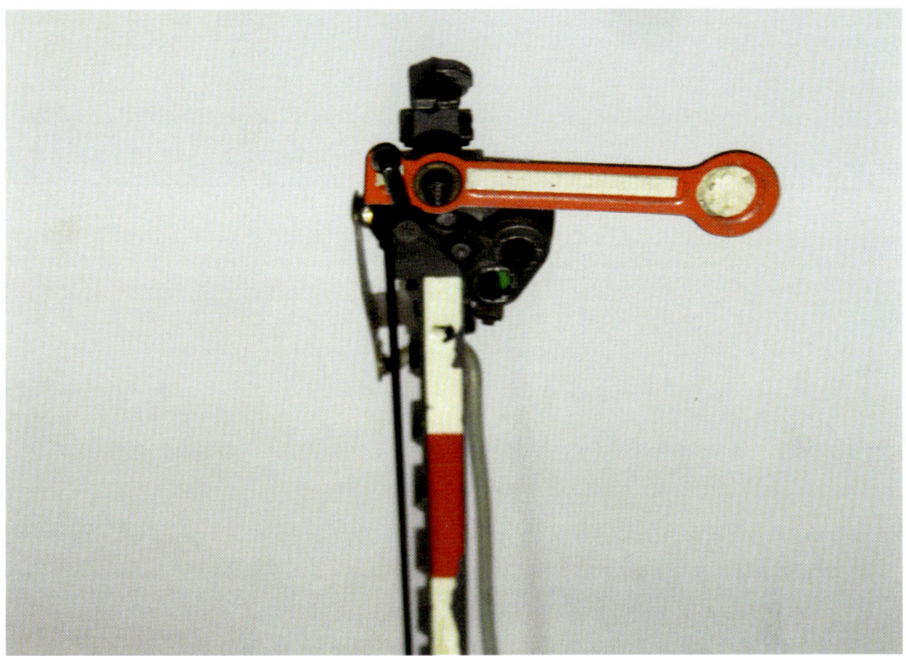

Abb. 2–52 *Die eingesetzten alten Märklin-Signale haben schon einige Jahre auf dem Buckel.*

Sie wurden genau wie Weichen bei Märklin mit einem Spulenantrieb hin und her geschossen. Dieser Vergleich klingt vielleicht etwas übertrieben, ist aber leider nahe an der Wahrheit. Deshalb habe ich das eigentliche Signal von dem Magnetantrieb abgetrennt. Diesen Anteil werden wir weiterverwenden. Davon benötigen wir zwei Stück. Weiter brauchen wir zwei Mini-Servos und Kleinteile ähnlich wie bei den Weichen.

Umbau der Signale

Wenn ich jetzt im Detail beschreiben würde, wie der Umbau der Signale vonstattengeht, wäre es in weiten Teilen eine Wiederholung dessen, was bereits beim Umbau der Weichen gesagt wurde. Deshalb gibt es dazu hier nur zwei Bilder, die für geübte Bastler, und das sind Sie ja mittlerweile, alles aussagen, was für den Umbau notwendig ist. Vielleicht verwenden Sie auch ganz andere Signale und dann ist sowieso alles anders.

Abb. 2–53 *Die Servos unter den Signalen sind ähnlich wie bei den Weichen angeordnet.*

Weiter ist nichts zu sagen, denn die Platine ist die gleiche wie bei den Weichen. Lediglich die Software unterscheidet sich ein wenig. Die muss natürlich auch noch auf die Boards.

Abb. 2–54 *Die Signalhalterung von oben gesehen*

Anschließend können wir uns sofort den LED-Signalen zuwenden.

Die LED-Signale

Die LED- oder Lichtsignale können wir für wenig Geld fertig kaufen oder noch günstiger in einem kleinen und leicht handhabbaren Bausatz erwerben. Die Signale werden wie auch die Formsignale an den Stiftleisten mit der Platine verbunden.

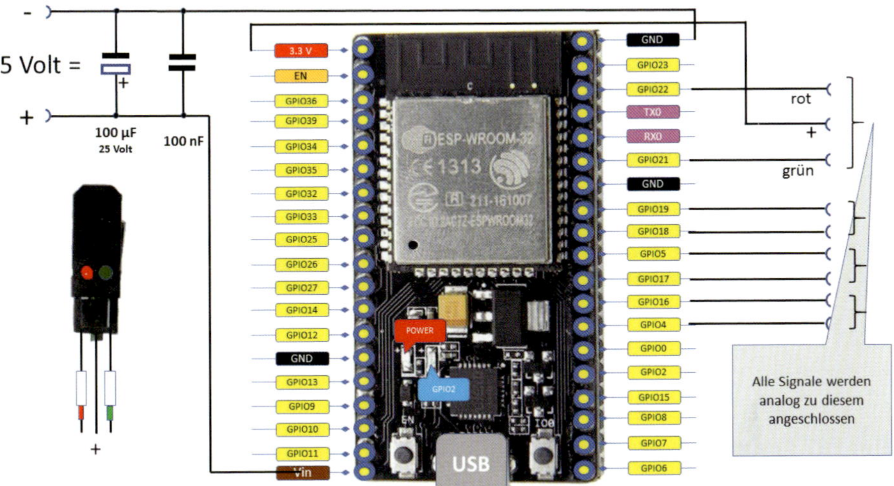

Abb. 2–55 *Der Schaltplan für den LED-Signaldecoder*

Auf dem Schaltbild kann man schon sehen, dass außer den Stiftleisten keine weiteren Bauelemente über das Basismodul hinaus notwendig sind. Bei den Stiftleisten ist jedoch zu beachten, dass die Belegung von den Weichen- und Formsignaldecodern abweicht. Hier ist der Pluspol nach wie vor in der Mitte, aber links und rechts davon befinden sich Signalleitungen. Die Signale werden in der Regel so geliefert wie dargestellt. Demnach sind die beiden Signalleitungen mit einem Widerstand (meist 1200 Ω) versehen. Der dritte Anschluss ist dann der Pluspol.

Eine Draufsicht auf die Platine habe ich jetzt nicht eingebracht, da zu anderen Decodern von oben kein Unterschied zu erkennen ist. Die Lötseite zeigt allerdings, dass es am Rand für die Leitungen doch recht eng wird. Wir müssen unbedingt isoliertes Kabel verwenden, da es sonst unweigerlich zu Kurzschlüssen kommt, die der ESP32 vermutlich nicht verschmerzen wird.

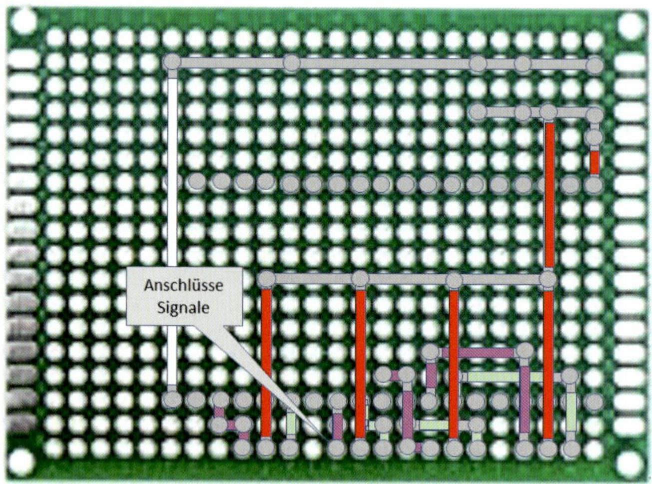

Abb. 2–56 *Die Lötseite des LED-Signaldecoders*

Der ESP32 auf dem Breadboard

Zu Beginn des Buchs wurde angekündigt, dass einige Decoder auch auf einem Breadboard (oder auf Deutsch Steckbrett) aufgebaut werden können. Dem wollen wir in diesem Abschnitt nachgehen.

Der Einsatz eines Breadboards hat Vorteile, aber auch wie fast alles auf dieser Welt Nachteile. Der Hauptvorteil liegt darin, dass der Einsatz eines Lötkolbens nicht notwendig ist. Man braucht nur das Breadboard, eventuell sonstige Bauteile und einige Drahtbrücken. Nachteilig ist in vielen Fällen, dass der Aufbau auf einem Breadboard schon bei mittlerer Komplexität der Schaltung schnell unübersichtlich wird. Außerdem dürften die Steckkontakte auf Dauer Kontaktprobleme bekommen, was dann die Zuverlässigkeit der Schaltung negativ beeinflusst.

Ganz bewusst wurde deshalb ausgesagt, dass nur einige Anwendungen so umsetzbar sind. So muss von den Meldemodulen beispielsweise abgeraten werden. Hier ist die Packungsdichte doch relativ hoch.

Als Beispiel habe ich den Decoder für die LED-Signale ausgewählt. Bevor wir damit starten, noch ein Wort zu den Drahtbrücken. Im Internet können Sie solche Drahtbrücken kaufen. Aus meiner Sicht ist das nicht unbedingt notwendig. Sie können die Brücken relativ leicht selbst herstellen. Nehmen Sie dazu einfachen Klingeldraht aus dem Baumarkt. Messen Sie die notwendige Länge zwischen den zu verbindenden Punkten ab, geben Sie zweimal 5 bis 7 mm dazu und schneiden Sie den Draht ab. Nun kommt die Abisolierzange zum Einsatz. Befreien Sie beide

Enden um etwa diese 5 bis 7 mm und knicken Sie das Ende im rechten Winkel um. Schon haben Sie die passende Drahtbrücke.

Noch ein Wort zum generellen Aufbau der Steckbretter:

Auf dem folgenden Bild zeigen die grünen Doppelpfeile, wie die Kontakte in Zahlenrichtung (parallel zur Schmalseite) verbunden sind. So sind alle Kontakte in der Spalte 1 von a bis e und f bis j miteinander verbunden. Zwischen e und f besteht aber keine Verbindung. So wie in Spalte 1 ist es auch in den weiteren Spalten bis zur Nummer 30. Ganz anders sieht es bei den beiden Spannungsversorgungsleitungen aus. Dort sind alle Kontakte, die mit »+« bzw. mit »-« gekennzeichnet sind, miteinander verbunden, nicht jedoch die gegenüberliegenden »+«- bzw. »-«-Leitungen. Dadurch können zwei unterschiedliche Spannungen auf einem Board angeboten werden. Davon werden wir später auch Gebrauch machen.

Die Steckbretter gibt es in vielen unterschiedlichen Größen. Das hier gezeigte Board ist übrigens eines der kleinsten (mehr Platz benötigen wir nicht). An den kleinen Nasen an der Seite kann man sehen, dass sich die Steckbretter erweitern lassen, wenn man mal mehr Platz benötigt.

Abb. 2–57 *Der Basisdecoder Blinky auf dem Steckbrett*

Zunächst aber wollen wir wie auch bei den gelöteten Decodern mit einer Grundschaltung beginnen, denn das ist die Mutter aller Decoder. Auf diesem Board läuft dann auch der Blinky.

Genauso wie bei den gelöteten benötigt dieses Modul die 5 Volt Gleichspannung. Auch die beiden Kondensatoren haben natürlich die gleichen Werte. Für die Leistung eines Rechenzentrums aus den 60er-Jahren sieht das wirklich nicht spektakulär aus.

Abb. 2–58 *Der LED-Signaldecoder auf dem Steckbrett*

Jetzt wird es erst richtig erstaunlich, denn es kommen nur zwei Drahtbrücken hinzu: eine für die gemeinsame Masse und eine für die 3,3 Volt, die wir aus dem ESP32 für die Versorgung der Signale benötigen. Wie wir gelernt haben, benötigt jedes Signal drei Leitungen, jeweils eine für Rot und eine für Grün sowie die dritte für die 3,3 Volt. Die Signale werden also einfach an die eingezeichneten Kontakte direkt neben dem ESP32-Modul eingesteckt. Die dritte Leitung geht dann an die untere Spannungsversorgung. Fertig!

Ganz analog können nun die anderen Decoder auf den Steckbrettern aufgebaut werden. Wirklich keine Hexerei!

Die Welt ist bunt und unsere Anlage auch

Wenn wir uns anschauen, was wir bereits geschafft haben, können wir doch ganz schön stolz auf uns sein. Vor uns steht eine Modellbahnlandschaft, die mit einzigartiger Technik ausgestattet ist und wunderbares Spielen ermöglicht. Doch irgendetwas fehlt noch. Richtig! Entweder ist das eine unbewohnte Winterlandschaft oder – und das ist meine Vermutung – sie ist noch nicht fertiggestellt.

In diesem dritten Arbeitsschritt vollenden wir unser Werk, kolorieren die Landschaft und statten sie mit zivilisatorischen Errungenschaften aus.

Während Sie die Anlage aufbauten, haben Sie sich sicherlich bereits Gedanken darüber gemacht, wie die Landschaft ausgestaltet werden soll. Ausprägungen gibt es viele, aber zwei davon ragen heraus. Man kann die Anlage mehr städtisch oder mehr in Richtung ländlich ausbilden. Ich habe mich schon recht früh für eine Gestaltung eines ländlichen Raums und dabei noch etwas mehr mit Gebirgskolorit

Abb. 2–59 *Unsere Anlage sieht inzwischen recht realistisch aus.*

Abb. 2–60 *Hier ist die Welt noch in Ordnung.*

entschieden. Das hat etwas mit den beiden Tunnels bzw. den daraus resultierenden Höhenzügen zu tun, die diesen Charakter zumindest andeuten.

Womit fangen wir an?

Zunächst habe ich alles mit Abtönfarbe angestrichen. Und zwar in ungefähr der Farbe, die später diesen Bereich prägt. Also Wiesen in Grün, Wege beige und so weiter. Das gibt dem Ganzen etwas Struktur und für den Fall, dass irgendwo mal eine Lücke bleiben sollte, ist es gut, wenn der Untergrund die richtige Farbe aufweist. Zwischen allen bisherigen und auch zukünftigen Arbeitsschritten sollte ausreichend Trocknungszeit eingeplant werden. Diesen Hinweis werde ich nicht bei jedem neuen Handgriff wiederholen.

Alles sieht immer noch recht glatt aus, vor allem auf den Höhen der Tunnel. Das gibt es in der Natur nur selten. Deshalb muss jetzt ein Spachtel her. Im Fachhandel gibt es neben anderen bei einem Anbieter einen Spachtel in der Ausprägung Granit und einen in der Farbe Sandstein. Beide habe ich verwendet. Allerdings habe ich beide mit Spachtel und entsprechender Abtönfarbe aus dem Baumarkt verlängert. Damit habe ich insbesondere die Tunnel bearbeitet, ebenso diverse Stellen zwischen den Gleisen und an den Übergängen zwischen Tunnel und Landschaft. Man glaubt ja nicht, was ein wenig Spachtelmasse an Natürlichkeit in die Landschaft zaubern kann. Um dieses Werk zu vollenden, kommt nun nach einem lokalen Anstrich mit Kleister etwas Grün in Form von Streugut auf den Spachtel und man denkt, man ist im Hochgebirge.

Zur Ausgestaltung der Landschaft zwischen den Bergen eignet sich hervorragend Wiesenmatte, die es in verschiedenen Ausprägungen gibt. Weil wir die Absätze in der Landschaft haben, können wir die Matte nicht großflächig auslegen, sondern müssen sie etwas zurechtschneiden. Sind die Stücke angemessen groß, können wir damit auch die Stufen gut meistern. Damit die Schnittstellen nicht allzu sehr auffallen, kann man etwas Grün aus dem Beutel darüber verstreuen. Aber bitte nicht nur an der Schnittstelle, sondern locker etwas weiträumiger. Das gibt es in der Natur auch.

Zwischen die Gleise streuen wir Schotter, den wir vorher mit verdünntem Weißleim getränkt haben. Der Leim trocknet transparent aus. Die Farbe des Schotters ist Geschmackssache. Ich habe mich für ein unauffälliges Schwarz entschieden. Auch die Wege werden analog mit Schotter ausgestreut. Das sind die wesentlichen Schritte zur natürlichen Gestaltung.

Nun kommt die »Zivilisation«, also Häuser, Autos, Menschen. Hier ist natürlich Kreativität gefragt. Manchmal spielt es auch eine Rolle, was man noch alles so in der Krabbelkiste vorfindet. Generell gilt aber: Weniger ist mehr! Die Bahn sollte nicht überladen sein. Wenn man sich die Bilder anschaut, die unseren Weg bisher begleitet haben, so sieht man auf der Anlage eine Menge Häuser. Davon haben es insgesamt nur ganz wenige in die endgültige Anlage geschafft. Und noch

Abb. 2–61 *Die Bewohner der Anlage scheinen blaue Cabrios zu lieben.*

Abb. 2–62 *Der Bauernhof links bietet auch Gästezimmer an.*

einen Rat: Nur weil ein Haus es Ihnen sehr angetan hat, muss es nicht auch unbedingt in die Anlage passen. Ganz wichtig für das Gelingen einer Anlage ist, dass sie stimmig ist. Manchmal verrennt man sich dabei. Dann ist es hilfreich, mal eine(n) Fachfremde(n) des Vertrauens um Beurteilung zu bitten. Dann wird das Werk sicherlich gelingen!

Zusammenfassung

Von unserer Leistungsbeschreibung bleiben kaum noch offene Punkte übrig. Insofern kann heute diesbezüglich auch nicht viel passieren. Dennoch können wir sagen: Wir haben »*mehrere Signale (am liebsten Formsignale, vielleicht auch ein oder zwei Lichtsignale).*« in der Anlage eingebaut. Im Kern haben wir das umgesetzt, allerdings nur zwei Formsignale, dafür aber vier Lichtsignale. Trotzdem abgehakt.

Tag 6: … und es wurde Licht

Wenn nun Bewegung auf den Schienen ist, so will man doch auch, dass der Rest nicht nur schön grün ist, sondern dass sich dort auch etwas bewegt – und wenn es nur das Licht ist, das ein- und ausgeschaltet wird.

Ziel dieses Tages

Der CANguru-Lichtdecoder wird aufgebaut, die LEDs werden in die Häuser und die Anlage eingebaut.

Was wird für den Lichtdecoder benötigt?

- 1 Basisdecoder
- 1 oder 2 PCA9685 16 Kanal Driver
- 1 Buchsenleiste (optional)

Der Lichtdecoder

Um die LEDs zum Leuchten zu bringen, brauchen wir einen weiteren Baustein. Den bauen wir diesmal huckepack auf die Platine. Aber zunächst schauen wir uns das Schaltbild an.

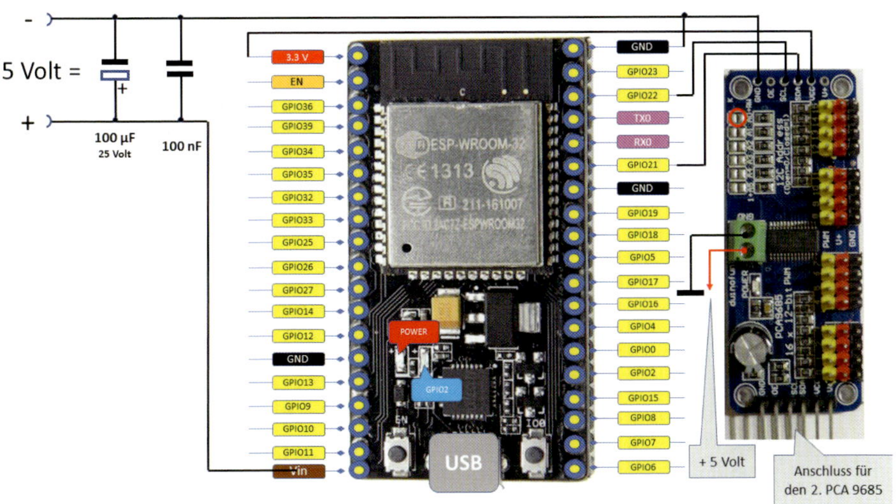

Abb. 2–63 *Der Schaltplan des Lichtdecoders*

Obwohl wir bis zu 32 LEDs mit zwei von diesen Bausteinen bedienen können, sind doch nur wenige Verbindungen notwendig. Wichtig ist noch Folgendes zu wissen. Die Leuchtdioden werden zwischen die Anschlüsse PWM (gelb) und GND (schwarz) geschaltet und benötigen *keine* externen Widerstände zur Strombegrenzung. Das vereinfacht den Umgang mit diesem Baustein enorm. Den zweiten Baustein (optional) schließen Sie über die Pins an, die man unten im Bild sieht. Hierbei ist ganz wichtig zu wissen, dass dieser Baustein eine andere Adresse benötigt. Dazu werden die beiden Lötpunkte, die im Schaltplan mit einem roten Punkt gekennzeichnet sind, mit etwas Lötzinn verbunden. Dadurch erhält diese Komponente dann eine neue Adresse.

Auf der folgenden Draufsicht ist am unteren Platinenrand eine kurze Buchsenleiste mit 2 Pins eingezeichnet. Wenn Sie auf dem PCA9685-Board 2 jeweils etwa 2 cm lange Drähte in die beiden grünen Schraubklemmen einbringen, dann können Sie dieses Board senkrecht auf das ESP32-Board aufstecken, aber bitte so, dass GND auf GND und Plus auf Plus kommen. Das ist dann der Fall, wenn die Komponentenseite des PCA-Boards vom ESP32 weg zeigt.

Abb. 2–64 *Die Komponentenseite des Lichtdecoders. Das PCA9685-Modul wird im rechten Winkel auf den Stromanschluss gesteckt.*

Auf der Unterseite des Lichtmoduls bereiten Sie, wie in folgendem Bild gezeigt, die restlichen vier Verbindungen zum PCA-Board vor. Achten Sie bitte darauf, dass wir zwei unterschiedliche Spannungen benutzen. Das sind die 5 und die 3,3 Volt, die im Bild beide mit Rot gekennzeichnet sind. Die angesprochenen vier Anschlüsse habe ich einfach unten rausgeführt und dann die senkrecht stehende Zusatzplatine angelötet. Sie können hierfür auch eine Buchsenleiste verwenden.

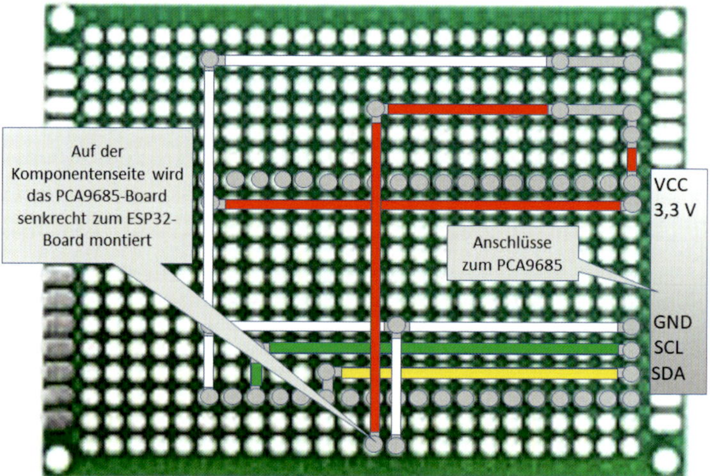

Abb. 2–65 *Die Lötseite des Lichtdecoders*

Anschluss der LEDs am Beispiel eines Wohnhauses

Wie die am Lichtdecoder angeschlossenen LEDs auf der Modellbahn verbaut werden, ist natürlich eine ganz individuelle Angelegenheit. Interessant ist vielleicht nur noch ein Aspekt.

Wenn man in seinen Häusern einzelne Räume beleuchten will, so haben sich Lichtkästen als sehr nützlich erwiesen. Diese Lichtkästen kann man in unterschiedlichen Größen käuflich erwerben. Die sind nicht wirklich teuer, aber man kommt bei einer mittleren Anlage auf beträchtliche Stückzahlen, was sich dann am Ende doch zu einem erklecklichen Betrag aufsummiert. Da versucht man doch, auch diese Dinge selbst in die Hand zu nehmen. Das folgende Bild zeigt das Ergebnis meines Versuchs dafür.

Abb. 2-66 *Die Lichtkästen wurden auf ein Foto des Hauses geklebt.*

Die Kästen sind aus dickerem Papier ausgeschnitten und auf eine Lochrasterplatine mit einem Foto des Hauses verklebt. Durch dieses Foto haben die Kästen exakt die richtige Größe. Die Höhe der Kästen muss man ggf. variieren, wenn die Fassade, wie im abgebildeten Fall, nicht einfach homogen senkrecht abfällt, sondern einen Erker mit Balkon aufweist. Das ist natürlich Arbeit, dafür belaufen sich die Kosten auf ungefähr null Euro. Die Leuchtdioden sind von hinten durch das Bild geführt und zwar in jedem Raum eine. Das hat dann den Effekt, dass jeder Raum für sich allein beleuchtet werden kann.

Zusammenfassung

Mit dem Lichtdecoder kommt Helligkeit auf die Anlage. Damit wird die Forderung nach »*einer kleinen Stadt, deren Häuser beleuchtet sein sollen*« erfüllt.

Tag 7: Eine ganz neue Sichtweise

Für den Kamerawagen ist nicht viel Lötarbeit notwendig. Im Prinzip geht es nur darum, das fertige Kameramodul so auf einen Wagen zu bringen, dass die Kamera nach vorne schaut.

Materialliste

Für den Kamerawagen ist die Materialliste recht kurz, denn das eingesetzte Board benötigt keine weiteren Bauteile für die Erledigung seiner Aufgabe. Wenn wir uns den Wagen auf dem folgenden Bild ansehen, können wir alle benötigten Teile sehen:

- M5Stack ESP-CAM
- USB-Kabel (Typ C)
- LiPo-Akku RCR123A, 3,7 V, z. B. 750 mAh
- Batteriehalter passend dazu
- Evtl. Ladegerät passend dazu
- Isolierter Kupferdraht
- 2 kleine Schrauben mit Mutter
- 1 kleines Stück Pappelholz, 4 mm
- 1 ca. 2 cm lange Holzleiste 10 x 10 mm
- Evtl. etwas graue Farbe

und natürlich ein Niederbordwagen, auf den die Kamera aufgesetzt werden kann.

Abb. 2–67 *Damit sie nach vorne schaut, wird die Kamera an ein Holzklötzchen geklebt.*

Installation und Inbetriebnahme des Kamerawagens

Bevor wir den eigentlichen Wagen zusammenbauen, empfiehlt es sich, die Software auf das Board zu flashen. Wir gehen dazu wie bei allen vorangegangenen Anwendungen vor. Leider kann die Software nicht mit dem Flashtool aufgebracht werden. Denn die Software ist nur nahezu fertig. Da der Wagen eine Verbindung über das hauseigene WLAN zum Eisenbahn-PC benötigt, werden dafür die SSID und das Passwort benötigt. Wir tragen die Daten in das Programm ein, übersetzen es und verbinden das Board über das USB-Kabel mit dem PC. Im Gegensatz zu allen sonst für die CANgurus eingesetzten Boards wird hier ein Typ-C-Kabel benötigt. Wenn der Übersetzungsvorgang des Programms erfolgreich abgeschlossen ist, kann es auf das Board geladen werden. Wie das funktioniert, erfahren Sie im Entwicklerteil.

Vorsichtshalber probieren wir die Anwendung aus, bevor wir das Board verbauen. Sollte die kleine OV2640-Kamera noch nicht mit dem Board verbunden sein, ist dies der richtige Moment dafür. Auf der Seite, auf der der USB-Anschluss aufgebracht ist, sehen Sie ein weißes längliches Teil (siehe auch obiges Bild). Dort gibt es eine kleine graue Klappe. Heben Sie die Klappe vorsichtig etwas an, schieben Sie das flexible Kabel der Kamera in den Steckverbinder und schließen Sie die Klappe erneut. Es ergibt Sinn, die Kamera so zu platzieren, dass deren Objektiv Sie anschaut.

Öffnen Sie nun den USB-Monitor auf Ihrem PC. Die Anwendung meldet sich und offenbart ihre IP-Adresse. Eventuell müssen Sie die Reset-Taste betätigen. Solange das Board versucht, sich mit Ihrem WLAN zu verbinden, blinkt die rote LED. Ist die Verbindung stabil, leuchtet sie dauerhaft. Die IP-Adresse tragen Sie nun in die Adresszeile Ihres Browsers ein und schließen Sie mit der Entertaste ab. Normalerweise bekommen Sie nun eine Fehlermeldung angezeigt. Aber das ist kein Problem. Betätigen Sie auf dem Board nun erneut die Reset-Taste und eventuell auch das »Neu-Laden«-Zeichen im Browser. Es kann durchaus sein, dass Sie diesen Vorgang mehrmals wiederholen müssen. Dann aber erscheint das Bild mit den vielen Reglern am linken Bildschirmrand. Die Verbindung ist geglückt! Wenn Sie noch den Knopf »Start Stream« unten auf dieser Leiste drücken, haben Sie es geschafft. Denn nun erscheint das Kamerabild im Browser. Sie dürfen natürlich keine zu hohen Ansprüche an die Qualität des Bilds und deren Wiederholfrequenz stellen, aber ich denke, für unsere Zwecke ist das durchaus ausreichend.

Nach diesem Test bauen wir den eigentlichen Kamerawagen.

Das folgende Bild zeigt das Kameramodul aus einer anderen Perspektive. Es muss seitlich angebracht werden, weil die Kamera in dieser Orientierung aufnimmt. Am linken Ende erkennt man die Stromversorgung. Die Kabel zur Kamera laufen unter dem grauen Brettchen hindurch.

Abb. 2–68 *Der Kamerawagen bezieht die Energie aus einem Akku.*

Dazu sägen Sie bitte ein rechteckiges Stück Pappelholz so zurecht, dass es möglichst genau in den von Ihnen ausgesuchten Niederbordwagen passt. Kleben Sie nun die Leiste auf dieses Holz. Dabei sollte das Board später so an die Leiste geklebt werden können, dass die Kamera in Fahrtrichtung nach vorne und die kleine Reset-Taste nach oben zeigt. Dieses Verdrehen des Boards um 90 Grad ist notwendig, weil sonst das aufgenommene Bild auf der Seite liegt.

Achten Sie bei dieser Stellprobe darauf, wo das vordere Ende des Boards auf dem Holz zu liegen kommt. Denn dort bohren Sie nun ein kleines Loch, durch das später die beiden Drähte für die Spannungsversorgung durchgeführt werden. Nun können Sie sich einen Platz für die Batteriehalterung aussuchen. Auch dort wird eine Bohrung für diese Drähte benötigt, sowie zwei weitere Löcher für die Schrauben, mit denen die Halterung auf dem Holz festgeschraubt wird.

Das war der einfache Teil. Jetzt machen Sie den Lötkolben heiß! Schneiden Sie zwei Drähte auf einer Länge ab, so dass das Board mit der Batteriehalterung verbunden werden kann. Es empfiehlt sich, dafür zwei Drähte mit unterschiedlichen Farben (z.B. Rot für + und Weiß für -) einzusetzen. Denn das Vertauschen der Polarität ist ein beliebter Fehler, den wir nicht unbedingt wiederholen müssen. Löten Sie nun die Kabel an die beiden kleinen verzinnten Flächen am vorderen Rand des Boards. Der Pluspol ist mit B+ gekennzeichnet, der Minuspol trägt keine Kennzeichnung, liegt aber direkt daneben. Dieser Vorgang ist etwas heikel und muss mit größter Sorgfalt geschehen. Auf keinen Fall dürfen Sie die beiden Pole mit Lötzinn verbinden oder die Kabel bereits jetzt vertauschen. Haben Sie die Verbindung ordnungsgemäß hergestellt, können Sie zur Entspannung die Kabel durch die zuvor gebohrten Löcher führen und dann an die Batteriehalterung anlöten. Setzen Sie den Akku ein und testen Sie, ob alles weiterhin funktioniert.

Nun können Sie sich um die Details kümmern. Sie können das Holz mit grauer Farbe anstreichen und das Board an der quadratischen Leiste festkleben.

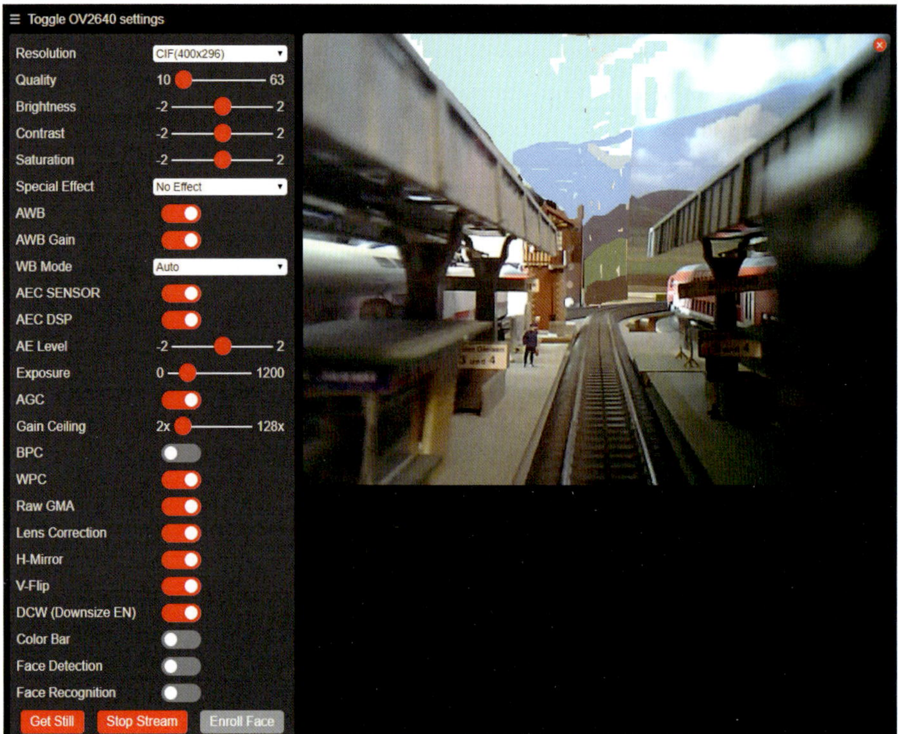

Abb. 2–69 *So erscheint das Kamerabild im Internetbrowser auf dem PC.*

Wenn Sie dieses kleine Gebilde in den Wagen setzen, haben Sie es geschafft. Nun steht einer Jungfernfahrt nichts mehr im Wege. Genießen Sie die neuen Perspektiven und probieren Sie in Ruhe alle Schalter auf der Leiste des Browsers aus. Viel Spaß!

Zusammenfassung

Jetzt haben wir es geschafft. Wir schauen noch mal nach offenen Forderungen aus der Leistungsbeschreibung. Folgendes ist übriggeblieben.

»Der Aufbau soll unkompliziert sein, sowohl was den mechanischen Aufbau als auch was die Verdrahtung anbelangt. Natürlich muss sie zuverlässig sein, damit möglichst keine Unfälle zu beklagen sind. Die Steuerung der Bahn soll natürlich mit digitalen Komponenten umgesetzt werden, die auch die Bastelkasse nicht allzu sehr belasten.«

Dies sind alles keine funktionalen, sondern qualitative Forderungen. Ob der Aufbau und die Verdrahtung unkompliziert sind, muss jeder, der die Anlage nachbaut, selbst entscheiden. Für meine Begriffe werden keine übermäßigen Ansprüche an das Können der Bastler gestellt, sicherlich aber Geduld und Durchhaltevermögen. Insofern sehe ich die Forderungen als erfüllt an.

Dass die Steuerung mit digitalen Komponenten umgesetzt wird, ist wohl unbestritten. Ob sie zuverlässig ist, muss die Zukunft zeigen. Bei mir läuft sie seit geraumer Zeit ohne Störung. Ob das Vorhaben die Bastelkasse über Gebühr belastet, ist auch davon abhängig, wie hoch man die eigenen Ziele gesteckt hat.

3 So funktionieren die CANgurus

Die Entwickler unter uns schauen hinter die Kulissen

Modellbahner sind selbstkritisch und philosophieren auch gerne mal über ihr Tun – gerade dann, wenn es um Elektronik und Digitalisierung der Bahn geht. Da Modellbahner auch Modellbauer sind, trifft folgende Sicht auf Theorie und Praxis möglicherweise auch auf Sie zu.

Theorie ist, wenn man weiß, wie`s geht, aber nichts klappt. Praxis ist, wenn es klappt und man weiß nicht warum. Beim Modellbauer sind Theorie und Praxis oft vereint. Nichts klappt und man weiß nicht warum!

So soll es uns natürlich nicht gehen, deshalb werfen wir in diesem Teil des kleinen CANguru-Buchs einen genaueren Blick auf das, was die Funktionalität in die CANgurus bringt. Das ist natürlich die Software. Es hat sich vermutlich schon herumgesprochen, dass sich der Name der CANgurus von dem CAN-Bus ableitet. Weil er die Basis für all unser Tun ist, ist es sinnvoll, sich dieses Gebilde etwas näher anzuschauen.

Nähert man sich dieser Software, ist die erste Herausforderung, zu erkennen, was davon wichtig ist und was man sich getrost später oder gar nicht anschauen kann. In diesem Abschnitt werde ich beleuchten, wie die eingesetzten Module arbeiten oder, anders gesagt, was die Weiche tatsächlich dazu bringt, sich im richtigen Moment in die gewünschte Position zu bewegen.

Dazu wollen wir zunächst ein simples Programm analysieren und anschließend einen Basisdecoder auf die Beine stellen, der mehr oder weniger alle Merkmale der eingesetzten Decoder beherrscht, aber zunächst keine spezifische Funktionalität aufweist. Dieses Vorgehen hat zwei entscheidende Vorteile. Zunächst fällt der Zugang zu den eingesetzten Decodern deutlich leichter, wenn man die Basis verdaut hat, und außerdem hat man einen idealen Ausgangspunkt für eigene Ideen und Projekte. Denn um ehrlich zu sein: Die Hauptarbeit und der meiste Gehirnschmalz stecken in dem Basisdecoder.

Wir müssen an dieser Stelle allerdings eine Einschränkung vornehmen. Wir sprechen nicht allgemein von der Programmierung von kleinen Prozessoren. Wir sprechen über die Programmierung in einer Arduino-Umgebung.

Aber jetzt Vorsicht! Der Begriff Arduino beschreibt mehrere Dinge. Zunächst ist der Arduino auch ein Stück Hardware, ein Mikroprozessormodul, meist auf Basis eines Prozessors der Firma ATMEL. Hierüber sprechen wir nicht, wir setzen es also auch nicht ein. Daneben gibt es die Arduino-IDE (= Integrated Development Environment; Arduino-Entwicklungsumgebung; diese betrachten wir später noch etwas genauer). Auch die setzen wir nicht ein. Aber last but not least bringt Arduino auch noch eine Softwareumgebung mit. Das sind eine Menge Softwarebibliotheken und Makros, die das Programmieren deutlich vereinfachen. Und warum soll man etwas, was das Leben vereinfacht, nicht nutzen? Also verwenden wir die Arduino-Umgebung.

Die angesprochenen Softwarebibliotheken sind natürlich alle zunächst für den Arduino-Prozessor geschrieben und nicht ohne Weiteres für den ESP32 anwendbar, also den Prozessor, den wir einsetzen. Aber Gottseidank gab und gibt es Leute, die sich der Mühe unterzogen und viele dieser Bibliotheken bereits auf unseren Prozessor angepasst haben. Insofern ist dies eine hervorragende Ausgangsbasis. Aber wenn Sie später mal allein unterwegs sind und eigene Pläne umsetzen, werden Sie auch Bibliotheken für Ihre Zwecke finden. Dabei müssen Sie aber stets darauf achten, dass diese Software auch für den ESP32 verwendbar ist. Es gibt solche Bibliotheken, die lassen sich fehlerfrei einbinden und übersetzen, bringen aber nicht das gewünschte Ergebnis. Also Vorsicht an dieser Stelle.

Bevor wir mit der angesprochenen Analyse beginnen, legen wir mal das Werkzeug bereit, mit dem wir anschließend arbeiten werden. Da ist zunächst die bereits erwähnte Software-Entwicklungsumgebung. Auf die Analyse kommen wir anschließend zurück.

Die Software-Entwicklungsumgebung

Was ist eine Software-Entwicklungsumgebung?

Nun, wie der Name schon andeutet, ist das ein Programmpaket, das den Entwickler von Software bei seiner Arbeit unterstützt. In unserem Fall ist es allerdings so, dass wir keine Software mehr entwickeln, denn die Programmpakete liegen alle bereits fertig entwickelt vor. Dennoch wird die Entwicklungsumgebung für diejenigen benötigt, die sich mit den Anwenderprogrammen im Quelltext beschäftigen wollen[1]. Es mag auch den einen oder anderen Leser geben, der die vorgestellten Programme modifizieren oder nach eigenen Vorstellungen weiterentwickeln will. Auch dafür muss eine Software-Entwicklungsumgebung – meist auch als IDE (Integrated Softwaredevelopment Environment) bezeichnet – eingesetzt werden. Egal, welche IDE wir für den ESP32 auch verwenden, sie läuft auf jeden Fall nicht auf diesem Prozessor, sondern auf einem PC, in unserem Fall unter Windows.

Wenn man an die Bewältigung der anstehenden Aufgaben denkt, fällt vielen unmittelbar die bereits angesprochene Umgebung Arduino ein. Als Hardware setzen wir zwar keinen Arduino ein, allerdings kann die zugehörige IDE mit einer Ergänzung auch für den ESP32 verwendet werden. Dennoch setzen wir diese Software nicht ein, sondern Visual Studio Code von der Firma Microsoft mit dem Aufsatz PlatformIO. Warum?

Visual Studio Code mit PlatformIO ist deutlich leistungsfähiger und flexibler und trotz der höheren Komplexität für meine Begriffe wesentlich komfortabler zu bedienen.

Dieser Ansatz vereint zudem das Beste aus beiden Welten. Denn Arduino bietet bereits viele Bibliotheken und Makros, die die Anbindung leistungsfähiger Peripherie stark vereinfachen und dem Programmierer damit das Leben deutlich vereinfachen. Sehr viel von dieser Software, die ursprünglich für den Arduino geschrieben wurde, kann weiterverwendet werden.

Installation der IDE

Die weiteren Schritte werden am Beispiel eines Windows-10-Rechners gezeigt. Für MACs und Linux-Rechner gelten die Schritte gemäß Hersteller analog.

Die »Basis« der IDE ist ein kostenloses Programm der Firma Microsoft und heißt VS-Code. Quasi als Benutzeroberfläche und damit zur Vereinfachung der Bedienung werden wir zudem das Programm PlatformIO nutzen.

1 An dieser Stelle soll für diejenigen, die bisher mit Softwareentwicklung noch nicht in Berührung gekommen sind, in aller Kürze erklärt werden, welche Schritte notwendig sind, um einen Rechner – hier ein ESP32 – dazu zu bringen, das zu tun, was man sich so vorstellt. Später in diesem Kapitel wird es dazu noch eine praktische Einführung geben.
Die Funktionalität des Programms, das später auf dem ESP32 ausgeführt werden soll, wird in einer für Menschen halbwegs lesbaren Sprache – bei uns heißt diese Sprache C++ – mit einem Editor formuliert. Alle Programmiersprachen haben eine strikte Grammatik, die man absolut beachten muss, sonst übersetzt der Compiler die Formulierungen nicht. Er zeigt, wo etwas nicht stimmt bzw. was er nicht versteht, weshalb er dies nicht in Maschinensprache übersetzen kann. Übrigens zeigt der Editor bereits beim Eintippen problematische Stellen durch farbige Unterstreichungen an, sodass man sich direkt darum kümmern kann. Wenn aber alles gutgegangen ist und das Programm in einer jetzt für den ESP32 verständlichen Sprache vorliegt, müssen diese Bits und Bytes in den Chip geladen werden. Diesen letzten Schritt nennt man Upload. Meist werden dafür ESP32 und Programmierrechner über ein USB-Kabel verbunden und darüber auch diese Anteile übertragen. Sobald dieses Hochladen abgeschlossen ist, läuft das Programm im ESP32 ab. Man muss es also nicht noch explizit starten.
An dieser Stelle wurden aus Gründen der besseren Verständlichkeit alle Schritte, die die IDE darüber hinaus vollzieht, ausgespart.

- Als ersten Schritt rufen wir nun die Seite *https://platformio.org/* und betätigen auf dieser Seite den grünen Knopf.

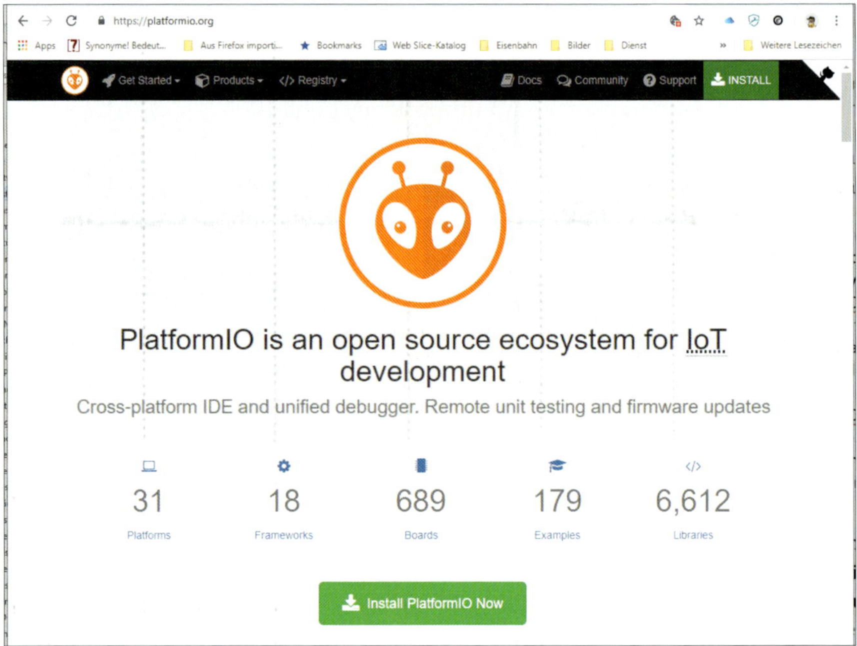

Abb. 3–1

- Daraufhin öffnet sich ein weiteres Fenster, das verrät, dass PlatformIO ein Aufsatz zu VS-Code ist. Folglich muss dieses Programm zunächst heruntergeladen werden, also wieder grüner Knopf.

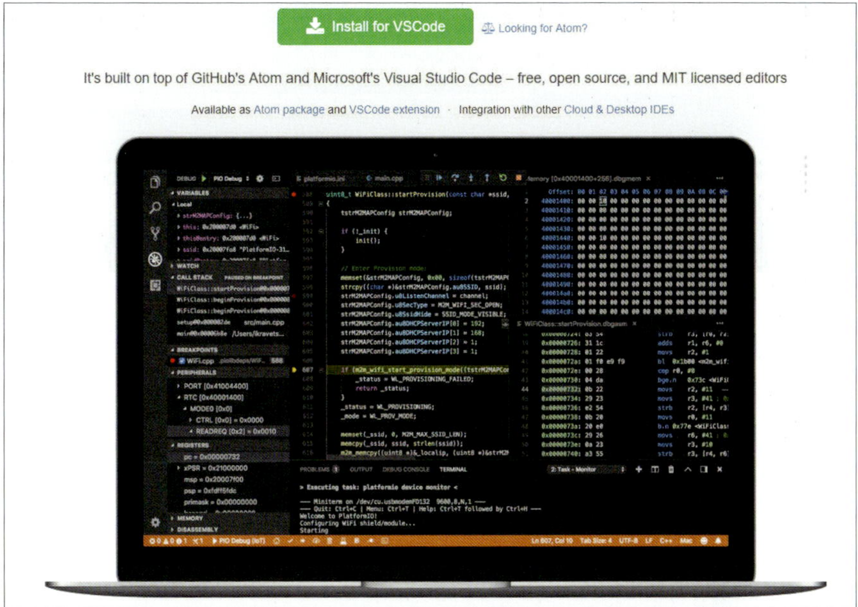

Abb. 3–2

- Es baut sich ein neues Fenster auf, in dem man dann tatsächlich den Download von VS-Code starten kann. Außerdem werden hier die nächsten Schritte beschrieben, wie man nach der Installation von VS-Code den Aufsatz PlatformIO installiert.

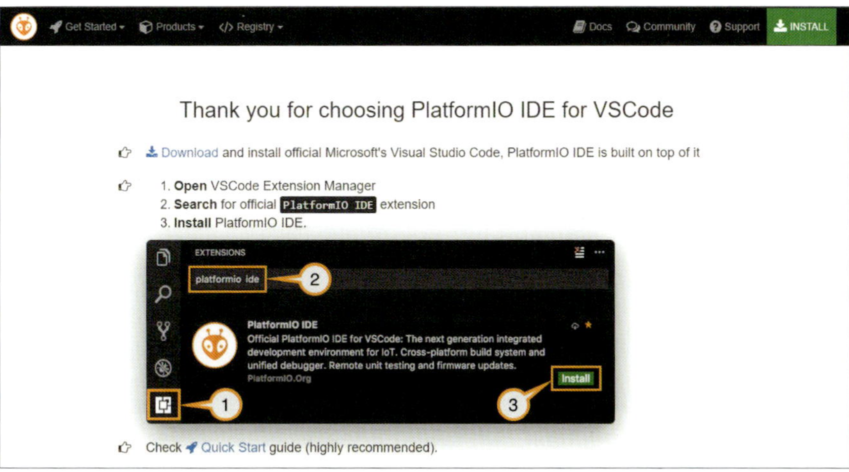

Abb. 3–3

- Wieder betätigen Sie einfach den grünen Knopf.

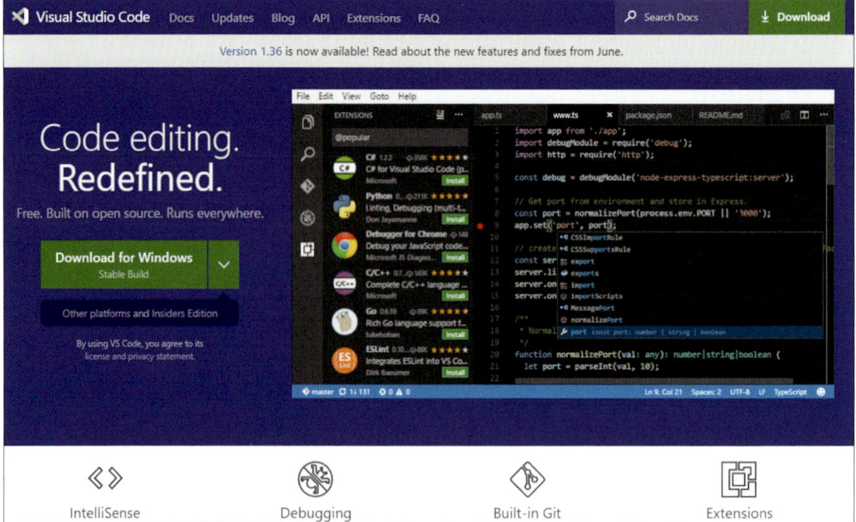

Abb. 3–4

- Nun wurde Visual Studio Code (VS-Code) tatsächlich heruntergeladen und installiert. Eventuell müssen Sie die Installationsdatei noch starten.

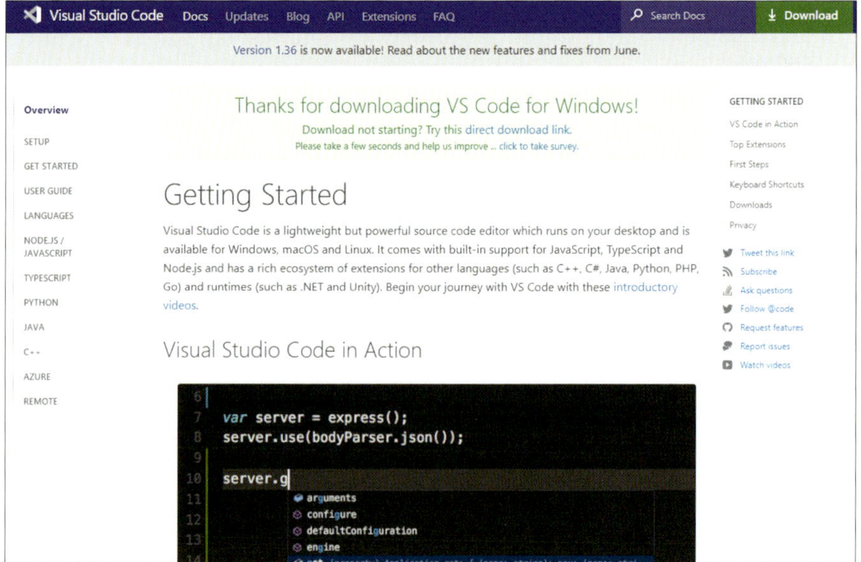

Abb. 3–5

- VS-Code ist installiert und wird gestartet. Wir müssen noch etwas warten, bis auch PlatformIO so weit ist.

  Dieses nette Tierchen symbolisiert den IDE-Zusatz PlatformIO. Das wird uns noch häufiger begegnen.

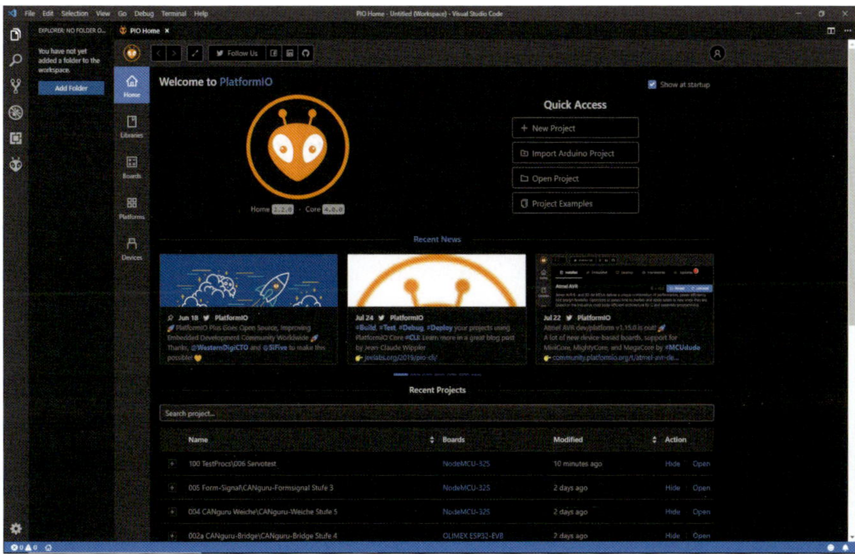

Abb. 3–6

Das Programm ist zwar erfolgreich installiert, aber um später Programme auf unser Board laden zu können, müssen wir noch einen Treiber installieren. Gehen Sie dazu auf die Seite der Firma Silicon Labs (*https://www.silabs.com/products/development-tools/software/direct-access-drivers*) und laden und installieren Sie den für Ihre Windows-Version geeignete Variante.

Das war‘s aber jetzt wirklich.

Unser erstes Programm

Die Softwareentwicklungsumgebung zur Programmierung des ESP32 ist fertig installiert. Der nächste Schritt ist nun, ein Programm für den ESP32 zu erstellen und dann auf das Board zu laden, damit es dort ablaufen kann. Es hat sich eingebürgert, dass das erste Programm für eine neue Umgebung eine »Hello World«-Meldung ist.

Wir kommen jetzt zurück zu unserer Analyse. Dazu klicken wir auf den »New Project«-Knopf neben dem PlatformIO-Tierchen. Es erscheint ein Dialogfenster, das wir nun ausfüllen werden. Zunächst der Name des neuen Programms. Wir nennen es mal »Blinky«. Dann ist das Board festzulegen. Wir setzen den NodeMCU-32S ein. Das Framework lassen wir bei Arduino stehen. Beim folgenden Eintrag Location nehmen wir das Häkchen weg und bekommen daraufhin den Hinweis, dass wir uns selbst einen Platz für unsere Programme suchen sollen. Das tun wir dann auch. Damit sind alle Eingaben getätigt und wir können getrost auf den blauen Knopf »Finish« drücken. Das Programm richtet nun alles für das neue Programm ein. Kurz darauf erscheint im linken Teil der IDE eine Ordnerstruktur des neuen Programms. Wir haben ein sehr einfaches Programm ohne Funktionalität vor uns. Aber auch die komplexesten Programme weisen die gleiche Struktur auf, was zur Folge hat, dass wir uns das einmal genauer anschauen.

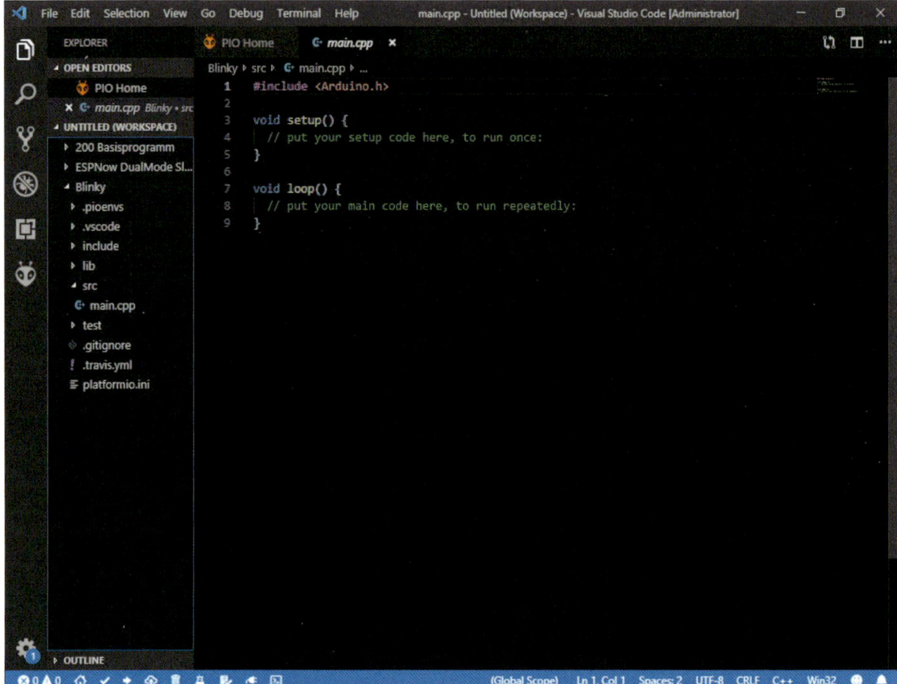

Abb. 3–7 *Wenn Sie ein neues Projekt starten, wird dieses Minimalkonstrukt erzeugt.*

Wichtig sind für uns zunächst zwei Ordner: »*scr*« und »*include*«. Im scr-Ordner finden wir die source-Dateien, also die eigentlichen Programme, während im include-Ordner die header-Dateien liegen. Alle, die sich bereits etwas mit C, C++ oder C#-Programmierung beschäftigt haben, können damit etwas anfangen. Aber auch den Frischling werden wir mitnehmen.

Wir klicken auf den Eintrag »*scr*« und anschließend auf »*main.cpp*«. Dieses Programm ist soeben nach dem »Finish« entstanden. Wie man sieht, ist es recht schlicht gestaltet. Wir wollen es uns doch noch etwas genauer ansehen.

Programmieren in einer Arduino-Umgebung

Alle unsere Programme bestehen aus drei Teilen. In C++ heißen diese Teile Funktionen. Funktionen sind eigentlich Rechenvorschriften, die einen Ergebniswert liefern. Das ist auch hier häufig so. Aber es gibt eben auch den Fall, dass nichts zurückgeliefert wird. Das ist hier bei den Routinen *setup* und *loop* der Fall. Wir werden auch den Normalfall mit Ergebnis später kennenlernen.

Generell ist es aber so, dass die Struktur der Routinen immer gleich ist. Dafür sehen wir uns mal ein einfaches Beispiel an.

```
int addition(int zahl1, int zahl2) {
int result;
result = zahl1 + zahl2;
return result;
}
```

Die Funktion braucht einen eindeutigen Namen, der ist hier *addition*. Sie liefert ein Ergebnis einer Zahl, hier einer Ganzzahl, die mit *int* für Integer abgekürzt wird. Dieser Funktion werden zwei ganze Zahlen, nämlich *zahl1* und *zahl2* übergeben. Diese Argumente werden stets in einer runden Klammer aufgelistet. Die beiden Zahlen werden dann innerhalb der Routine addiert, der Variablen *result* zugewiesen und mit dem Schlüsselwort *return* dort zur Verfügung gestellt, von wo sie aufgerufen wurde. Damit klar ist, welche Anweisungen zu der Routine gehören, werden sie stets in geschweiften Klammern eingeschlossen. Der Aufruf dieser Funktion könnte dann so aussehen:

```
...
int Zahl = 7;
int Anderezahl = 9;
int ergebnis = addition(Zahl, Anderezahl);
...
```

Und mit der Variablen *ergebnis* könnte man weiterarbeiten.

Nachdem die Grundsätze der Programmierung geklärt sind, kommen wir zu unserem Programm »main.cpp« zurück.

Da ist zunächst die Routine *setup()*, in der Variablen gesetzt oder eingelesen werden und auch eventuell angeschlossene Hardware initialisiert wird. Die Routine *setup()* wird bei jedem Programmstart einmalig als Erstes durchlaufen.

Nachdem dieser Programmteil absolviert ist, mündet der Programmfluss in eine Dauerschleife, die immer *loop()* heißt. Anders als sonstige Programme haben Arduino-Programme zwar einen Anfang, in der Regel aber keinen Schluss. Sie verbleiben in der *loop()*. Damit das aber nicht langweilig wird, verzweigt das Programm auf Grund von Ereignissen, die bei uns über den angeschlossenen Kommunikationskanal oder durch angeschlossene Hardware ausgelöst werden, in den dritten Teil, nennen wir ihn Unterprogramme. Das können solche Routinen sein, wie wir oben als *addition()* kennengelernt haben.

Im Folgenden bringen wir noch etwas mehr Licht in das Dunkel der Arduino-Programme.

setup()

Dieser Teil wird einmal beim Start des Arduino durchlaufen. Hier werden zu Beginn des Programms alle Variablen und sonstigen Parameter gesetzt. Das ist ganz prima, kann allerdings auch hinderlich sein. Beispielsweise wird ein Weichendecoder zunächst mit der Startadresse 1 geboren, anschließend vom Nutzer aber auf sagen wir 3 gestellt. Würde jetzt das Setup wieder wie beim ersten Start durchlaufen, wäre die 3 wieder weg und wir wären wieder auf Anfang, nämlich bei 1. Also muss sich die Software merken, dass das Setup dieses Mal nicht den jungfräulichen Weg gehen soll, sondern einen etwas anderen. Dafür gibt es innerhalb des Setups drei Teile: einen, der nur beim allerersten Start des Programms durchlaufen wird (Pfad A), alternativ gibt es einen zweiten Teil, der ansonsten (also beim zweiten, dritten oder weiteren Starts) genommen (Pfad B) und einen dritten Teil, der stets durchlaufen wird (Pfad C).

Die Entscheidung für Pfad A oder B wird anhand einer Variablen getroffen, ich habe sie *setup_todo* getauft.

Pfad A

Hier werden Anfangswerte gesetzt, von denen die, die auch beim Neustart des Arduino erhalten bleiben sollen, in den EPROM-Anteil (wird im nächsten Abschnitt erläutert) geschrieben werden. Die Variable *setup_todo* wird auf *setup_done* gesetzt, so dass dieser Pfad beim nächsten Start nicht wieder durchlaufen wird.

Pfad B

Beim Durchlauf des Programms können individuell Parameter verändert werden, die nach Ausschalten des ESP32 erhalten bleiben sollen. Dies können beispielsweise die Weichenstellungen sein. Sie werden dazu in das EPROM des ESP32 geschrieben und beim Neustart des ESP32 hier wieder ausgelesen. Das hat zur Folge, dass der ESP32 und damit die Anlage sich nach dem Neustart genauso verhalten wie vor dem Herunterfahren.

Pfad C

Hier werden alle Initialisierungen vorgenommen, die unabhängig vom Erst- oder Neustart sind. Dies umfasst beispielsweise das Errechnen der UID, der Initialisierung des CAN-Busses sowie weitere vom Zweck des Decoders abhängige Einstellungen.

Doch wie merkt sich das Board die veränderte Variable *setup_todo*? Der Arbeitsspeicher der Prozessoren ist bekanntlich flüchtig. Will heißen, sofort nach dem Ausschalten des Rechners sind die Daten weg. Das ist bei unserem PC ganz genauso. Um sich Daten zu merken, hat der PC eine Festplatte mit einem nicht flüchtigen Speicher. Es ist kaum vorstellbar, jedes Board in unserer Anlage mit einer Festplatte auszurüsten.

Konzept EEPROM

Der ESP32 hat dafür einen EPROM-Bereich (EPROM= erasable programmable read-only memory). In diesem Bereich können wir Daten ablegen, die wir später wieder benötigen. Aber irgendwie müssen wir der Software klarmachen, dass es sich hier um nicht flüchtige Daten handelt. Dafür fügen wir jetzt die erste Bibliothek in unser kleines Programm ein. Sie heißt *EEPROM* und besteht wie alle Programme aus einem Quelltextteil (»EEPROM.cpp«), in dem steht, was das Programm machen soll, und einem Deklarationsteil (»EEPROM.h«), in dem nur die Funktionsköpfe aufgelistet sind. Den Deklarationsanteil fügen wir zunächst mit einer #include-Anweisung in das Programm ein. Damit sieht unser Programm so aus:

```
#include <Arduino.h>
#include "EEPROM.h"

void setup() {
  // put your setup code here, to run once:
}

void loop() {
  // put your main code here, to run repeatedly:
}
```

Damit ist natürlich noch nichts gewonnen, denn wir nutzen ja noch keine Funktion aus dieser Bibliothek. Das aber wollen wir jetzt tun.

Wir ergänzen:

```
// EEPROM-Adressen
#define  setup_done 0x47
// EEPROM-Belegung
// EEPROM-Speicherplätze der Local-IDs
const uint16_t adr_setup_done = 0x00;
const uint16_t lastAdr = adr_setup_done + 1;
const uint16_t EEPROM_SIZE = lastAdr;
```

Damit haben wir die Konstanten eingeführt, mit denen wir anschließend die EEPROM-Bibliothek initialisieren und dann auch Variablen dauerhaft speichern können.

Wir ergänzen unser Setup, so dass es jetzt folgendermaßen aussieht:

```
void setup() {
  Serial.begin(115200);
  Serial.println("\r\n\r\nB l i n k y");
  if (!EEPROM.begin(EEPROM_SIZE)) {
    Serial.println("failed to initialise EEPROM");
  }
  uint8_t setup_todo = EEPROM.read(adr_setup_done);
  if (setup_todo != setup_done){
// PFAD A
    // wurde das Setup bereits einmal durchgeführt?
    // dann wird dieser Anteil übersprungen
    // 47, weil das EEPROM (hoffentlich) nie
    // ursprünglich diesen Inhalt hatte

    // setup_done auf "TRUE" setzen
    EEPROM.write (adr_setup_done, setup_done);
    EEPROM.commit();
  }
  else
  {
// PFAD B
    // Anweisungen werden nur ab
    // dem zweiten Durchlauf ausgeführt
  }
// PFAD C
  // ab hier werden die Anweisungen
  // bei jedem Start durchlaufen
}
```

Wir sehen, dass zunächst die serielle Schnittstelle initialisiert wird, damit wir auch Text über den USB-Anschluss ausgeben können. Diese Fähigkeit werden wir für die Decoder nicht benötigen. Aber wenn wir an der Software etwas ändern, sind wir dankbar, wenn wir in den Ablauf der Programme einen gewissen Einblick haben, insbesondere, wenn etwas nicht so läuft wie erwartet. Danach wird der EEPROM-Bibliothek mitgeteilt, wie groß der Speicherplatzbedarf ist. Hier ist er zu Anfang genau 1 Byte groß. Wenn dieser Beginn erfolgreich war, können wir nachschauen, ob die Speicherstelle *adr_setup_done* bereits nicht mehr den Wert *setup_todo* hat. Abhängig davon wird Pfad A oder Pfad B durchlaufen. Im Fall A wird jetzt die Speicherstelle *adr_setup_done* auf den Wert *setup_done* gesetzt und damit die Voraussetzung geschaffen, beim nächsten Durchlauf nicht mehr hier zu landen. Das Setzen eines Werts wird immer mit der Anweisung *EEPROM.commit();* bestätigt. Wenn Sie das vergessen, bleibt der ursprüngliche Wert erhalten.

Konzept TIMER/Ticker

Nun haben wir ein Konstrukt, das wir noch etwas aufbohren wollen. Ziel ist es, dass die LED auf dem Board periodisch blinkt (Blinky!), und zwar beim ersten Start einmal, beim zweiten zweimal und so fort. Dazu führen wir eine zweite Bibliothek ein, der wir noch häufiger begegnen werden. Sie heißt *Ticker* und stellt den einfachen Umgang mit integrierten *Timer*-Installationen dar. So kann man bequem *Timer* auf dem Board einstellen. *Timer* sind eine Art Wecker, der zur eingestellten Zeit den Programmablauf unterbrechen und eine voreingestellte Routine aufruft. Ähnlich wie im vorangehenden Abschnitt machen wir die Bibliothek Ticker in unserem Programm bekannt. Daneben müssen wir einige wenige Konstanten einführen, mit denen dann im Setup der *Timer* bzw. die *Ticker*-Funktion festgelegt und gestartet wird.

```
#include <Arduino.h>
#include "EEPROM.h"
#include <Ticker.h>

// EEPROM-Adressen
#define  setup_done 0x47
// EEPROM-Belegung
// EEPROM-Speicherplätze der Local-IDs
const uint16_t adr_setup_done = 0x00;
const uint16_t lastAdr = adr_setup_done + 1;
const uint16_t EEPROM_SIZE = lastAdr;

Ticker tckr;
const float tckrTime = 0.05;

void timer1s() {
}

void setup() {
  Serial.begin(115200);
  Serial.println("\r\n\r\nB l i n k y");
  if (!EEPROM.begin(EEPROM_SIZE)) {
    Serial.println("failed to initialise EEPROM");
  }
  uint8_t setup_todo = EEPROM.read(adr_setup_done);
  if (setup_todo != setup_done){
    // wurde das Setup bereits einmal durchgeführt?
    // dann wird dieser Anteil übersprungen
    // 47, weil das EEPROM (hoffentlich) nie
    // ursprünglich diesen Inhalt hatte
```

```
    // setup_done auf "TRUE" setzen
    EEPROM.write (adr_setup_done, setup_done);
    EEPROM.commit();
  }
  else
  {
    // Anweisungen werden nur ab
    // dem zweiten Durchlauf ausgeführt
  }
  // ab hier werden die Anweisungen bei jedem Start durchlaufen
  tckr.attach(tckrTime, timer1s);  // each sec
}

void loop() {
  // put your main code here, to run repeatedly:
}
```

Zu Beginn des Programms sehen wir die entsprechende *#include*-Anweisung, danach wird eine Variable *tckr* vom Typ Ticker vereinbart. Damit können wir nun die Klasse *Ticker* ansprechen. Mit der Konstanten *tckrTime* legen wir die Periodizität fest, mit der die Funktion *timer1s* aufgerufen wird. Dabei ist die Zahl 0.05 als Bruchteil von 1 Sekunde zu lesen. Der zugehörige Funktionsaufruf von *timer1s* findet also zwanzigmal in der Sekunde statt. Noch aber weiß *Ticker* davon gar nichts. Damit *Ticker* weiß, wann es welche Funktion aufzurufen hat, fügen wir noch die Zeile *tckr.attach(tckrTime, timer1s);* ein. Würden wir jetzt dieses Programm übersetzen und auf ein Board laden, würde *timer1s* zwanzigmal in der Sekunde aufgerufen, aber wir würden nichts davon mitbekommen, da die LED noch nicht angesprochen wird. Dazu sind noch einige weitere Anweisungen notwendig.

Wir bauen die Setup-Routine etwas um, so dass die notwendigen Initialisierungen für den *Timer* und die LED nun in einem Funktionsaufruf *stillAliveblinkingSetup()* stattfinden. Gleichzeitig wird die Verbindung zur LED zu einem Ausgang definiert und damit die LED ansteuerbar. Anschließend schalten wir sie vorsichtshalber aus. In dem Programmteil *timer1s* deklarieren wir zwei neue Variablen *secs* und *currcount* und setzen sie direkt auf null. Sie werden als statische Variablen festgelegt. Damit behalten sie auch nach Verlassen dieses Programmteils ihren Wert. Die Variable *secs* wird bei jedem Aufruf von *timer1s* um 1 erhöht, so dass eine Sekunde nach 20 Aufrufen um ist. Das ist der richtige Zeitpunkt, um die Variable *currcount* auf den Wert festzulegen, wie oft die LED sekündlich blinken soll. Dazu lesen wir diesen Wert jeweils aus dem *EEPROM* aus. Das bewirkt, dass nun bei jedem Aufruf von *timer1s currcount* bis auf null heruntergezählt wird. Solange das nicht der Fall ist, stellen wir fest, ob *currcount* gerade oder ungerade ist. Bei geradem Wert schalten wir die LED aus und bei ungeradem umgekehrt, so dass das angekündigte Blitzen entsteht. Diesen Blinkwert haben wir in Pfad A auf 1 gesetzt und in Pfad B eingelesen, um 2 erhöht und anschließend wieder für den nächsten Aufruf gespeichert. Klingt alles kompliziert, ist es in Wirklichkeit aber nicht. Man muss den Text vielleicht zweimal lesen, um nachzuvollziehen, was dort passieren soll.

```
#include <Arduino.h>
#include "EEPROM.h"
#include <Ticker.h>

// EEPROM-Adressen
#define  setup_done 0x47
// EEPROM-Belegung
// EEPROM-Speicherplätze der Local-IDs
const uint16_t adr_setup_done = 0x00;
const uint16_t adr_count = 0x01;
const uint16_t lastAdr = adr_count + 1;
const uint16_t EEPROM_SIZE = lastAdr;

Ticker tckr;
const float tckrTime = 0.05;

//****************************************
void timer1s() {
static uint8_t secs = 0;
static uint8_t currcount = 0;
  secs++;
  if (secs>=1/tckrTime) {
    secs = 0;
    currcount = EEPROM.read(adr_count);
    Serial.println(EEPROM.read(adr_count));
  }
  if (currcount>0) {
    if (currcount % 2 == 0) {
      digitalWrite(LED_BUILTIN, LOW);
    }
    else {
      digitalWrite(LED_BUILTIN, HIGH);
    }
    currcount--;
  }
  else {
    digitalWrite(LED_BUILTIN, LOW);
  }
}

void stillAliveBlinkSetup() {
  tckr.attach(tckrTime, timer1s);  // each sec
```

```
  // initialize LED digital pin as an output.
  pinMode(LED_BUILTIN, OUTPUT);
  // turn the LED off by making the voltage LOW
  digitalWrite(LED_BUILTIN, LOW);
}

void setup() {
  Serial.begin(115200);
  Serial.println("\r\n\r\nB l i n k y");
  if (!EEPROM.begin(EEPROM_SIZE)) {
    Serial.println("failed to initialise EEPROM");
  }
  uint8_t setup_todo = EEPROM.read(adr_setup_done);
  if (setup_todo != setup_done) {
    // wurde das Setup bereits einmal durchgeführt?
    // dann wird dieser Anteil übersprungen
    // 47, weil das EEPROM (hoffentlich) nie
    // ursprünglich diesen Inhalt hatte

    // count anfangs auf 1 setzen
    EEPROM.write (adr_count, 1);
    EEPROM.commit();

    // setup_done auf "TRUE" setzen
    EEPROM.write (adr_setup_done, setup_done);
    EEPROM.commit();
  }
  else {
    // Anweisungen werden nur ab
    // dem zweiten Durchlauf ausgeführt
    // lies den Wert für count ein
    uint8_t count = EEPROM.read(adr_count);
    // und erhöhe den Wert um 1
    count += 2;
    if (count>= 1/tckrTime)
      count = 1;
    // speichere count wieder
    EEPROM.write (adr_count, count);
    EEPROM.commit();
  }
  // ab hier werden die Anweisungen bei jedem Start durchlaufen
  stillAliveBlinkSetup();
}

void loop() {
  // put your main code here, to run repeatedly:
}
```

Wenn wir dieses Programm nun übersetzen und auf das Board laden, wird es jede Sekunde einmal kurz blitzen. Starten wir den ESP32 erneut, blitzt er zweimal und so weiter.

loop()

Dies ist das Hauptprogramm, das ständig in einer unendlichen Schleife (= *loop*) durchlaufen und in das sofort nach dem Setup eingestiegen wird.

Was aber passiert in unserem Programm mit der *loop*? Nichts. Wir brauchen diesen Programmteil momentan gar nicht. Alle Aktivitäten werden in unserem Beispiel durch den *Timer* gesteuert. So ist es in vielen Programmen. Dennoch können wir loop nicht einfach weglassen. Das Übersetzungsprogramm, der Compiler, erwartet diese Sequenz, auch wenn sie leer ist. Später werden ihr noch wichtige Aufgaben zugewiesen. Warten wir es ab.

Vom Programm zum Board

Jetzt haben wir ein schönes kleines Programm. Verständlicherweise möchten wir aber auch tatsächlich die LED blitzen sehen. Dieser Vorgang ist recht schnell umgesetzt.

Wir gehen mal davon aus, dass wir vor dem laufenden Windows-Rechner sitzen. Dann sind folgende Aktivitäten notwendig:

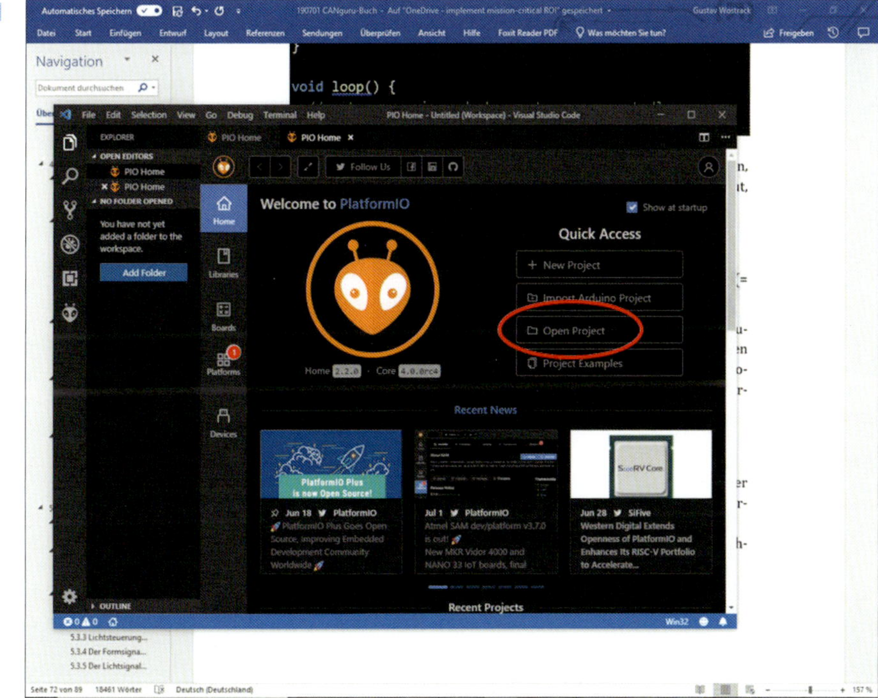

Abb. 3–8 *Wenn Sie Blinky noch vom letzten Abschnitt geladen haben, können Sie diese und die nächste Zeile überspringen. Starten Sie Visual Studio Code (VSC) und drücken Sie den »Open Project«-Knopf.*

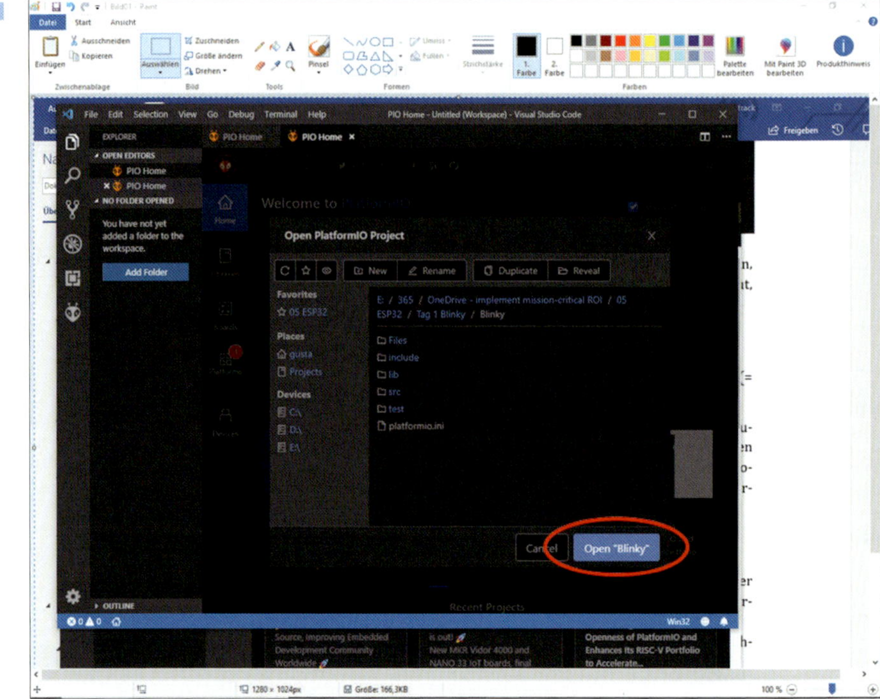

Abb. 3–9 *Navigieren Sie im Downloadbereich zu Blinky und laden Sie Blinky in VSC, indem Sie auf »Open Blinky« klicken.*

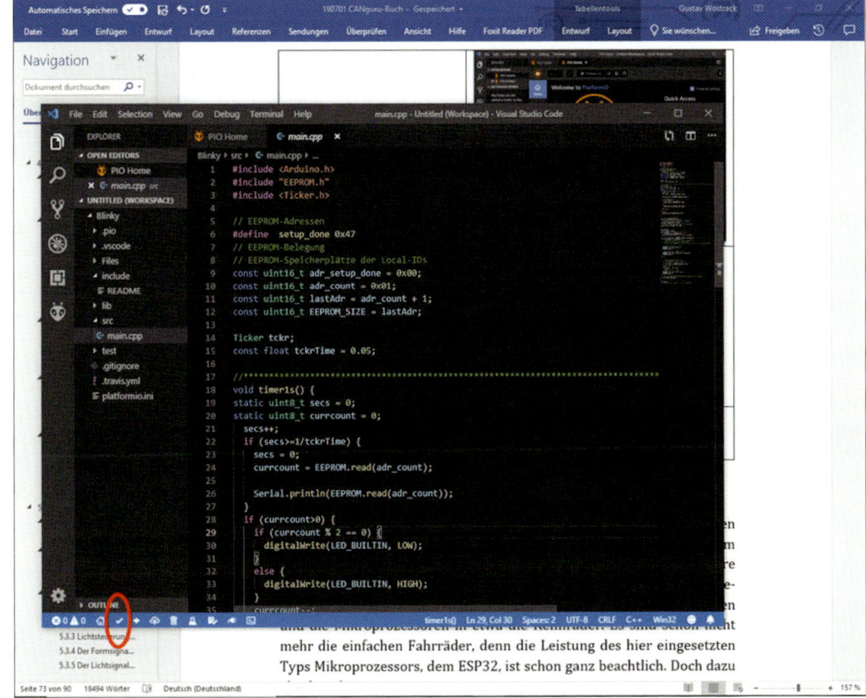

Abb. 3–10 *Das Programm ist geladen. Sie finden das Hauptprogramm unter »src/main.cpp«. Jetzt können Sie das Programm übersetzen. Klicken Sie dazu auf den Haken.*

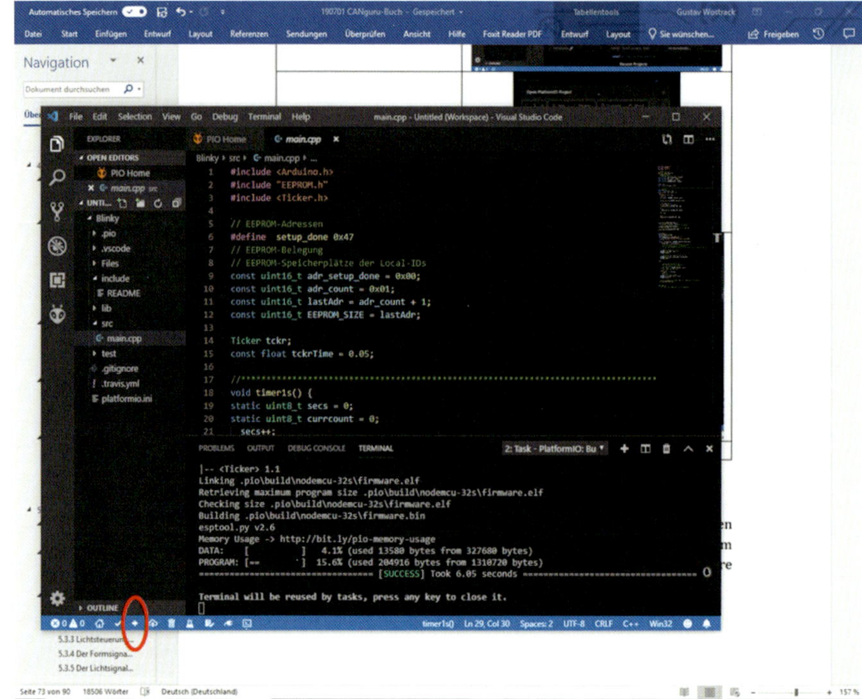

Abb. 3–11 *Das Programm wird übersetzt. Das (erfolgreiche) Ergebnis sehen Sie in dem Kasten rechts unten. Nun geht es damit auf das Board.*
Dazu verbinden Sie einen NodeMCU-32S über ein USB-Kabel mit Ihrem Rechner und klicken anschließend auf den Pfeil.

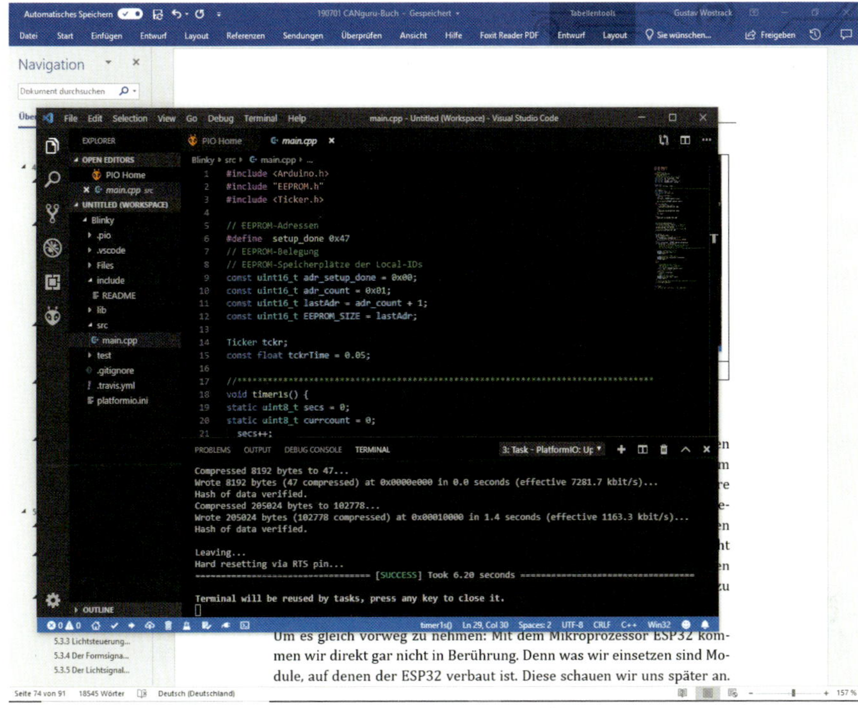

Abb. 3–12 *Das übersetzte Programm wird auf das Board geladen. Das Transportprogramm sucht sich den USB-Port dazu selbst. Nach wenigen Sekunden ist dieser Prozess abgeschlossen. Das Ergebnis steht wieder im Kasten unten rechts. Nicht nur das, auch die LED auf dem Board blinkt wie erwartet.*

Abb. 3-13 *Drücken Sie die Reset-Taste und die LED blinkt zweimal.*

Damit haben wir unsere erste Idee umgesetzt.

Unser Ziel ist es weiterhin, einen Basisdecoder zu bauen. Allerdings müssen wir schnell feststellen, dass unserem Blinky doch noch einiges fehlt, um ihn in die Nähe eines Decoders zu bringen. Dafür sind weitere Konzepte notwendig.

Es war schon sehr häufig die Rede vom CAN-Bus. Damit wir wissen, worüber wir da reden, schauen wir uns den mal genauer an.

Der CAN-Bus

Der CAN-Bus (*Controller Area Network*) wurde 1983 von der Robert Bosch GmbH entwickelt und gehört zur Familie der Feldbusse. Es ist kein anderes Protokoll so für den Einsatz im Automobilsektor geeignet wie der CAN-Bus. Aber auch in anderen Bereichen hat sich der CAN-Bus etabliert, wie z.B. in der Medizin-, der Automatisierungs- und der Schienenfahrzeugtechnik.

Der CAN-Bus unterscheidet sich von den bereits vorhandenen Vernetzungsprotokollen durch die ausgeprägte Fehlerbehandlung, die Priorisierung von Nachrichten, Echtzeitfähigkeit, die hohe Datenübertragungsrate und das Multimaster-Prinzip. Mit Hilfe des CAN-Busses konnte die Automobilindustrie massive Probleme mit dem immer stärkeren Einsatz von Elektronikmodulen lösen, da die Vernetzung immer aufwendiger und dadurch für Fehler anfälliger wurde.

Die physikalischen Eigenschaften eines CAN-Netzwerks und der formale Aufbau einer CAN-Nachricht und deren Pegel sind in den ISO-Normen 11898 geregelt.

Eine CAN-Nachricht – auch als CAN-Frame bezeichnet – besteht im Prinzip aus zwei Teilen, dem sogenannten Identifier (Header) und dem Teil, der die Nutzdaten enthält. Mit dem CAN-Protokoll 2.0B stehen 29-Bit-IDs für den Header zur Verfügung. Kenntnisse darüber sind wichtig, weil man bei der Programmierung von Anwendungen den Header berücksichtigen muss. Die Signale auf dem CAN-Bus werden differentiell übertragen. Diese Art der Signalübertragung bietet eine hohe Störfestigkeit gegenüber einwirkenden Störungen auf die Busleitung. Durch die Wahl der Kabel, Stecker und Buchsen und der entsprechenden Baudrate sollte die Übertragung auf mindestens 100 Meter problemlos möglich sein. Weitere Aspekte des CAN-Protokolls wie die Layer 1 (physische Schicht) und 2 (Datensicherungsschicht) in ISO/OSI-Referenzmodellen werden durch die eingesetzten Bausteine realisiert und sind vielleicht auch interessant, aber für unsere Betrachtungen hier nicht weiter relevant. Informationen dazu findet man reichlich im Internet. Die Baudrate wurde von der Firma Märklin bei ihren Anwendungen auf 250 KBaud festgelegt.

Der CAN-Bus ist als ein Broadcast-Protokoll ausgelegt, d.h., jeder Knoten erhält alle Informationen[2]. Ob die erhaltene Nachricht relevant für einen bestimmten Knoten ist, entscheidet sich anhand des darin enthaltenen Kommandos. So ist beispielsweise das PING-Kommando, das die Zentrale aussendet, für alle am CAN-Bus relevant. Andere Kommandos, wie beispielsweise die Aufforderung zum Schalten einer Weiche, sind nur für bestimmte Knoten, in diesem Fall für den zugehörigen Weichendecoder, wichtig. Dazu enthalten die Frames keine direkten Adressen des Empfängers, sondern sie adressieren über die eindeutige UID (**Uni**versal **Id**entifyer) des Empfängers innerhalb des Datenanteils.

Nun wollen wir mal schauen, wie eine solche CAN-Nachricht bzw. ein solcher CAN-Frame tatsächlich strukturiert ist.

Jeder CAN-Frame besteht aus einer Meldungskennung, auch ID genannt, einigen Steuerflags, einer Angabe der Nutzdatenlänge und aus 0 bis 8 Datenbytes. Dabei darf die ID nicht mit der bereits mehrfach angesprochenen UID verwechselt werden. Die UID ist zwar fest an einen CAN-Knoten (Decoder) gebunden, wird in der Meldungskennung aber nicht übertragen. Zur eindeutigen Identifikation wird dort der Hashwert genutzt, der aus der UID abgeleitet wird. Wenn ein spezieller Knoten durch eine Meldung angesprochen werden soll, so wird deren UID in den Nutzdaten übertragen.

2 Von dieser Regel weichen wir aus Performancegründen stellenweise ab.

Die folgende Grafik aus der Märklin-Dokumentation[3] zeigt weitere Einzelheiten zur Struktur der Meldungskennung.

Meldungskennung				DLC	Byte 0	Byte 1	Byte 2	Byte 3	Byte 4	Byte 5	Byte 6	Byte 7
Prio	Command	Resp.	Hash	DLC	D-Byte 0	D-Byte 1	D-Byte 2	D-Byte 3	D-Byte 4	D-Byte 5	D-Byte 6	D-Byte 7
2+2 Bit	8 Bit	1 Bit	16 Bit	4 Bit	8 Bit	8 Bit	8 Bit	8 Bit	8 Bit	8 Bit	8 Bit	8 Bit
Message Prio	Kommando Kenn-zeichnung	CMD / Resp.	Kollisions-auflösung	Anz. Daten-bytes	Daten	....						

Abb. 3–14 *Die Struktur einer CAN-Meldung, auch Frame genannt. Sie ist stets 13 Byte lang.*

Die Komplexität sollte nicht erschrecken. Die meisten Felder werden in vorhandenen Routinen gebildet und müssen nicht einzeln zusammengesetzt werden.

Soweit die Theorie.

Zur besseren Lesbarkeit weichen wir in der Darstellung eines Frames etwas von der o.a. Struktur ab. An den übertragenen Bits und Bytes ändert sich nichts, es betrifft nur die Darstellung.

Byte 0	Immer 0
Byte 1	Das Kommando; bei einer Aufforderung ist das stets ein gerader Wert. Wird auf dieses Kommando geantwortet, wird der Wert des Kommandos um 1 erhöht und ist dann stets ungerade. Darin versteckt sich nun das Response (=Antwort)-Bit (siehe Tabelle oben). Ein Wert, der WAHR oder FALSCH sein kann. Er zeigt also an, ob ein Frame initiativ gesendet wird (dann FALSCH) oder ob ein Knoten auf einen solchen Frame geantwortet (dann WAHR) hat.
Byte 2	Höherwertiger Anteil des Hashwerts; der Hashwert wird auf Basis der UID berechnet und identifiziert den Knoten.
Byte 3	Niederwertiger Anteil des Hashwerts
Byte 4	Dieser Wert gibt an, wie viele Byte Daten in diesem Frame übertragen werden. Dies kann zwischen 0 und 8 liegen.
Byte 5 – 13	Hier werden die Nutzdaten übertragen. Die Nutzdaten können zum Übertragen beliebiger Informationen genutzt werden. Allerdings sind Position und Inhalt durch die Definitionen in der Märklin-Dokumentation festgelegt. Die Nutzdatenlänge ist in den genannten Grenzen variabel.

Und das war es auch schon. Was im Moment sehr theoretisch klingt, wird lebendig, wenn man sich die Kommandos, die in den CANgurus verwendet werden, mit den zugehörigen Daten vor Augen führt.

Weitere Details können der Märklin-Dokumentation entnommen werden.

3 Kommunikationsprotokoll Graphical User Interface Prozessor (GUI) <-> Gleisformat Prozessor (Gleis Format Prozessor) über CAN Transportierbar über Ethernet (Version vom 7.2.2012) Gebr. Märklin & Cie. GmbH, Göppingen.
Dieses Dokument können Sie im Internet von der Märklinseite (*http://streaming.maerklin.de/public-media/cs2/cs2CAN-Protokoll-2_0.pdf*) herunterladen. Im Folgendem wird dieses Dokument als »Märklin-Dokumentation« bezeichnet.

Der Blick aufs Ganze

Um die Abläufe im Innern der Decoder zu verstehen, müssen wir das System mit zumindest drei Agitatoren angeschaut haben. Das sind von oben (PC) nach unten (Modellbahn): der CANguru-Server, die CANguru-Bridge und die Decoder. Hinzu kommt später natürlich noch Win-DigiPet auf dem PC.

Die folgende Tabelle zeigt den Ablauf eines Verbindungsaufbaus zwischen diesen Komponenten, zunächst noch ohne laufendes Win-DigiPet. Es ist sinnvoll, parallel dazu die Ausgabe des CANguru-Servers zu betrachten. Die entsprechenden Zeilennummern sind in Klammern eingetragen und beziehen sich auf die zweite Tabelle.

CANguru-Server	CANguru-Bridge	Decoder	Status
		Startet eine Wifi-Session (WLAN) im AP-Mode mit der eigenen MAC-Adresse und dem Präfix »CNgrSLV«, initialisiert das ESP-NOW-System und fügt den Master (CANguru-Bridge) hinzu	Das System wird gestartet (Spannung wird an die Decoder gebracht), alle Komponenten laufen, sind initialisiert und empfangsbereit.
Der Nutzer drückt den »Connect«-Knopf. Daraufhin sendet der Server einen CAN-Frame mit Cmd 0x88.	Empfängt den Frame und antwortet mit 0x89;		Damit kennen der Server und die Bridge die IP-Adressen der Gegenstellen der Bridge und können sie jeweils direkt ansprechen.
Trägt die IP-Adresse in das Feld oben links ein (1)	Meldet sich über Telnet im Ausgabefenster des Servers (2)		
	Empfängt die Datei »lokomotive.cs2« vom Server (3), startet die Gleisbox (4), registriert Wifi-Sender mit dem Präfix »CNgrSLV« als eigene Clients, gibt eine Quittung an die Clients und sendet einen PING an die Decoder (5)	Nach Erhalt der Quittung sind die Decoder empfangsbereit.	Nach dem Handshake ist die Bridge im Besitz der MAC-Adressen der Decoder. Sortiert diese der Größe nach und sendet nacheinander an alle Decoder ein BLINK-Kommando.

CANguru-Server	CANguru-Bridge	Decoder	Status
		Die Decoder senden ihre PING-Antwort (6).	
Empfängt die PING-Antworten der Decoder und baut eine Liste der Decoder auf; ruft nacheinander alle Decoder aus der Liste auf und fordert ihre Konfigurationsdaten (7) an.		Die Decoder senden Konfigurationsdaten (8).	Die Konfigurationsdaten werden für die Darstellung und Änderung der Decoder-Parameter benötigt.
	Die Bridge verfolgt die Übertragung der Konfigurationsdaten. Wenn alle Decoder sich gemeldet haben, kommt die Meldung »Start WDP« (9).		Damit ist die Initialisierung abgeschlossen. Der Betrieb kann beginnen.

Hier nun die zugehörige Ausgabe des CANguru-Servers mit den hinzugefügten Zeilennummern:

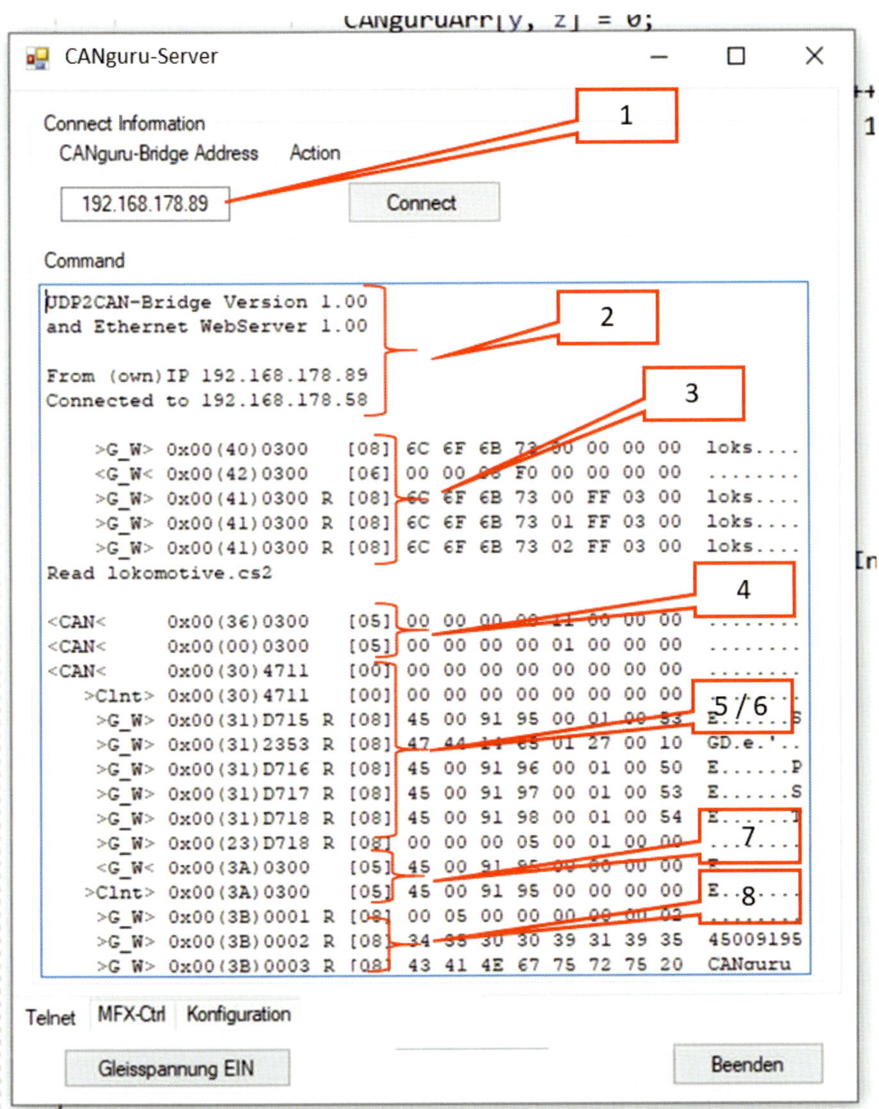

Abb. 3–15 *Die Meldungen der CANguru-Bridge werden vom CANguru-Server auf dem PC angezeigt.*

Beim Durchsehen der folgenden Serverausgabe fällt auf, dass einige Kommandos zweifach gegeben werden. Der Grund dafür ist, dass Kommandos vom Server über die Bridge häufig an alle Decoder einschließlich der Gleisbox verteilt werden müssen. Da aber Gleisbox und Decoder über unterschiedliche Wege erreicht werden, nämlich die Gleisbox über CAN und die Decoder über das drahtlose ESP-NOW, müssen sie zweifach gesendet werden. Beide allerdings im gleichen CAN-Format.

Und noch eine weitere Seite:

```
>G_W> 0x00(3B)0004 R [08] 53 65 72 76 6F 00 00 00 Servo...
>G_W> 0x00(3B)D715 R [06] 45 00 91 95 00 04 00 00 E.......
<G_W< 0x00(3A)0300   [05] 45 00 91 96 00 00 00 00 E.......
>Clnt> 0x00(3A)0300  [05] 45 00 91 96 00 00 00 00 E.......
>G_W> 0x00(3B)0001 R [08] 00 01 00 00 00 00 00 05 ........
>G_W> 0x00(3B)0002 R [08] 34 35 30 30 39 31 39 36 45009196
>G_W> 0x00(3B)0003 R [08] 43 41 4E 67 75 72 75 20 CANguru
>G_W> 0x00(3B)0004 R [08] 42 61 73 69 73 64 65 63 Basisdec
>G_W> 0x00(3B)0005 R [08] 6F 64 65 72 00 00 00 00 oder....
>G_W> 0x00(3B)D716 R [06] 45 00 91 96 00 05 00 00 E.......
<G_W< 0x00(3A)0300   [05] 45 00 91 97 00 00 00 00 E.......
>Clnt> 0x00(3A)0300  [05] 45 00 91 97 00 00 00 00 E.......
>G_W> 0x00(3B)0001 R [08] 00 05 00 00 00 00 00 01 ........
>G_W> 0x00(3B)0002 R [08] 34 35 30 30 39 31 39 37 45009197
>G_W> 0x00(3B)0003 R [08] 43 41 4E 67 75 72 75 20 CANguru
>G_W> 0x00(3B)0004 R [08] 53 65 72 76 6F 00 00 00 Servo...
>G_W> 0x00(3B)D717 R [06] 45 00 91 97 00 04 00 00 E.......

>Clnt> 0x00(3A)0300  [05] 45 00 91 98 00 00 00 00 E.......
>G_W> 0x00(3B)0001 R [08] 00 02 00 00 00 00 00 01 ........
>G_W> 0x00(3B)0002 R [08] 34 35 30 30 39 31 39 38 45009198
>G_W> 0x00(3B)0003 R [08] 43 41 4E 67 75 72 75 20 CANguru
>G_W> 0x00(3B)0004 R [08] 42 65 73 65 74 7A 74 2D Besetzt-
>G_W> 0x00(3B)0005 R [08] 4D 65 6C 64 65 72 00 00 Melder..
>G_W> 0x00(3B)D718 R [06] 45 00 91 98 00 05 00 00 E.......
Start WDP
```


Abb. 3–16 *Wenn die Meldung Start WDP erscheint, ist die Initialisierung erfolgreich abgeschlossen.*

Wenn nun das Steuerprogramm Win-DigiPet dazukommt, erfolgt ein weiterer Datenaustausch. Insbesondere ist Win-DigiPet an dem Inhalt der Datei »lokomotive.cs2« interessiert. Um diese Datei übertragen zu können, muss die Bridge einen Web-Server aufbauen und dann per http an Win-DigiPet übertragen. Anschließend läuft eine ähnliche Prozedur ab wie bei der Initialisierung des CANguru-Servers. Win-DigiPet fragt nämlich alle Decoder und die Gleisbox nach ihren Konfigurationsdaten ab. Die Prozedur läuft immer gleich ab. Zunächst sendet der Frager (Win-DigiPet bzw. der CANguru-Server) einen PING aus. Alles, was darauf antwortet, ist für den Frager nun ein Client. Wenn diese Clients antworten, wird in der Antwort auch deren UID gesendet, die dann der Frager nutzt, um anschließend die Konfigurationsdaten jedes einzelnen Clients abzufragen.

Im nun folgenden Betrieb ist die Rolle von CANguru-Server und CANguru-Bridge deutlich simpler. Der CANguru-Server hört im Wesentlichen nur zu. Die CANguru-Bridge leitet Kommandos, die vom Win-DigiPet kommen, an die Gleisbox oder Decoder weiter und empfängt die Quittungen, die dann wiederum an Win-DigiPet gesendet werden. Zwischendurch wird jede Sekunde eine Blinkaufforderung nacheinander an alle Decoder gesendet. Für den Fall, dass einer der Decoder im Betrieb mal stromlos werden sollte, wird er anschließend bei erneuter Betriebsbereitschaft sofort wieder in den Verbund aufgenommen.

Dieser Ausflug war notwendig, um die Zusammenhänge zwischen einzelnen Akteuren zu verstehen. Damit ist es möglich, uns dem Basisdecoder weiter zu nähern. Wir gestalten das im Wesentlichen so, dass wir die Eintragungen der Spalte Decoder aus der o.a. Tabelle genauer ansehen und dann unser Blinky-Programm um diese Fähigkeiten ergänzen. Mit den weiteren Mitspielern werden wir das analog vollziehen.

Bevor wir das endgültig erreichen, müssen wir noch ein wichtiges Konzept kennenlernen und anwenden.

Der Basisdecoder

Unser Blinky ist zwar schon ganz toll, aber als Basis für einen Decoder vollkommen ungeeignet, weil er eine wichtige Eigenschaft noch nicht aufweist. Er kann nicht mit anderen Boards kommunizieren. Deshalb führen wir nun das Konzept ESP-NOW ein, das wir als Begriff bereits im vorigen Abschnitt kennengelernt haben.

ESP-NOW als Alternative zum WLAN

ESP-NOW wurde von der Firma Espressif definiert, die auch den ESP32 entwickelt hat. ESP-NOW ist ein drahtloses Kommunikationsprotokoll, mit dem mehrere ESP32-Module Daten austauschen können, ohne das häusliche WLAN zu nutzen. Damit sind sie unabhängig von dem Vorhandensein eines WLAN und damit verbundenen eventuellen Störungen oder Überlastungen. ESP-NOW ist vergleichbar mit dem Protokoll, das bei nicht drahtgebundenen Mäusen angewendet wird. Nach einem PAIRING-Prozess besteht eine sichere Verbindung, für die kein weiteres Handshaking programmiert werden muss.

Die Decoder sind zwar ein freier Verbund, dennoch muss einer diese Boards kontrollieren. Dies ist natürlich die bereits erwähnte CANguru-Bridge. Insofern wird es notwendig sein, ein MASTER-SLAVE-Konstrukt einzuführen. Dabei ist die CANguru-Bridge der Master und alle weiteren CANguru-Decoder sind dessen Slaves. Dieser PAIRING-Prozess läuft in etwa folgendermaßen ab. Alle Slaves, das sind in unserem Fall die Decoder, senden für gewisse Zeit ihre eindeutige MAC-

Adresse. In dieser Zeit hört der Master, also die CANguru-Bridge, genau zu. Jede empfangene MAC-Adresse erhält vom Master eine Quittung. Damit ist der Pairing-Prozess abgeschlossen und der Master kennt alle seine Decoder, die er anschließend ansprechen kann. Umgekehrt kennen die Slaves ihren Master, an den sie Nachrichten schicken können.

Leider ist die Anzahl möglicher Netzteilnehmer auf 20 begrenzt. Aber da ist Platz für 19 Decoder. Damit kann man schon etwas anfangen.

Wir beginnen die Beschreibung mit dem, was den Slave von dem schon bekannten Blinky unterscheidet bzw. dem, was wir in o.a. Tabelle über den Decoder aufgeschrieben haben. Dazu kopieren wir die Spalte Decoder hierhin und setzen jeden Eintrag in einen Programmteil um. Wir machen das hier etwas ausführlicher, weil wir uns dann bei den realen Decodern einiges an Erklärungen sparen und uns auf die Spezifika konzentrieren können.

Der Decoder startet eine Wifi-Session im AP-Mode mit der eigenen MAC-Adresse und dem Präfix »CNgrSLV«

Diese Aktivität muss natürlich im Setup gestartet werden und wurde als *startAPMode()* eingeführt.

```
WiFi.persistent(false);
WiFi.mode(WIFI_OFF);
WiFi.mode(WIFI_AP);

// Connect to Wi-Fi
String ssid1 = WiFi.softAPmacAddress();
ssid0 = ssid0 + ssid1;
char ssid[30];
ssid0.toCharArray(ssid, 30);
WiFi.softAP(ssid);  // Name des Access Points
```

Dieser Prozess dient dazu, es der Bridge zu ermöglichen, die MAC-Adresse dieses Decoders zu erfahren. Dazu fragt der Decoder selbst seine eigene MAC-Adresse ab, stellt dieser das Präfix CNgrSLV voran und nutzt diesen String als SSID (= Service Set Identifier) für den aufgespannten Access-Point (AP). Mit anderen Worten baut der Decoder ein Wifi-Netz mit der SSID als Name auf. Das macht es der Bridge einfach, CANgurus zu erkennen und deren MAC-Adresse herauszufinden.

Der Decoder initialisiert sein ESP-NOW-System

Neben dem Initialisieren des ESP-NOW-Systems werden auch die dafür vom Decoder genutzten Sende- und Empfangsroutinen festgelegt und registriert. Damit weiß ESP-NOW, wie es mit Sende- und Empfangsdaten umzugehen hat.

```
if(esp_now_init() == ESP_OK) {
  Serial.println("ESPNOW Init Success!");
}
else {
  Serial.println("ESPNOW Init Failed....");
}
esp_now_register_recv_cb(OnDataRecv);
esp_now_register_send_cb(OnDataSent);
```

Den Master hinzufügen

Um aber tatsächlich Daten empfangen und senden zu können, muss dem ESPNow-System noch die MAC-Adresse des Masters, also der CANguru-Bridge, mitgeteilt werden.

```
memcpy( &master.peer_addr, &masterCustomMac, macLen );
master.channel = WIFI_CHANNEL; // pick a channel
master.encrypt = 0; // no encryption
//Add the master node to this slave node
master.ifidx = ESP_IF_WIFI_AP;
//Add the remote master node to this slave node
if( esp_now_add_peer(masterNode) == ESP_OK) {
  Serial.println("Master Added As Peer!");
}
```

Voraussetzung für das Funktionieren des Pairing ist also die Existenz einer identischen MAC-Adresse des Masters beim Master und allen Slaves. Zwar bringt jedes Board eine individuelle Mac-Adresse mit, so natürlich auch der Master, aber um diese zu nutzen, müsste man sich ein Verfahren ausdenken, wie man diese Adresse an die Slaves bringt. Da die Kommunikation zwischen den Komponenten noch nicht funktioniert, müsste man die Master-MAC-Adresse händisch ausfindig machen und dann den Slaves mitteilen. Das ist schwierig und umständlich. Deswegen gehen wir einen anderen Weg. Wir erfinden eine MAC-Adresse für den Master und weisen ihm diese neue Adresse im Quelltext zu. Die gleiche Adresse bekommen die Slaves auch im Quelltext mitgeteilt, so dass sie zur Laufzeit die Adresse des Masters kennen.

Nach Erhalt einer Quittung sind die Decoder empfangsbereit

Noch mal zur Verdeutlichung: Die Slaves strahlen als SSID etwas aus, das in etwa so aussieht: CNgrSLV30:AE:A4:FE:F3:01. Da steht zu Anfang der erwähnte Präfix CNgrSLV, der diesen Strahler von allen sonstigen im Hause unterscheidet. Dann folgt die einzigartige MAC-Adresse dieses Slaves. Hier benutzen wir übrigens keine künstliche Adresse wie beim Master, sondern die, die der Hersteller diesem Board zugewiesen hat. Diese Adresse unterscheidet dieses Board von allen anderen Slaves, die ebenso an die Anlage angeschlossen sind.

Nun scannt der Master einige Sekunden das Netzwerk und findet nacheinander seine Slaves. Ist die Zeit abgelaufen, findet zur Sicherheit noch eine Handshaking-Prozedur statt. Dazu sendet der Master nacheinander die MAC-Adresse des einzelnen Slaves sowie die Nummer der Reihenfolge aller Slaves an genau diesen. Dieser schickt diese Daten wieder an den Master zurück.

```
void OnDataRecv(const uint8_t *mac_addr, const uint8_t *data,
                                                int data_len) {
  memcpy( opFrame, data, data_len );
  if (data_len == macLen + 1) {
    // nur beim handshaking; es werden die macaddress
    // und die devicenummer übermittelt
    // und die macaddress zurückgeschickt
    esp_err_t sendResult = esp_now_send(master.peer_addr,
                                              opFrame, macLen);
    if (sendResult != ESP_OK) {
      printESPNowError(sendResult);
    }
    generateHash(opFrame[macLen]);
    return;
  }
  .
  .
  .
}
```

Nach Empfang der Daten ist die Pairing-Prozedur abgeschlossen.

Dieser Vorgang findet beim Slave in der ESP-NOW-Empfangsroutine (*OnDataRecv(...)*) statt. Bei dem späteren normalen »Bahnbetrieb« sind alle Telegramme, die zwischen Master und Slave ausgetauscht werden, 13 Byte lang. Diese Übermittlung aber ist 7 Byte lang (= 6 Byte für die MAC-Adresse und zusätzlich ein Byte für die Reihenfolge). Daran erkennt dieser Programmteil die spezielle Behandlung.

Im Übrigen ist diese Routine eine der spannendsten überhaupt. Denn hier – vielleicht lässt sich das schon an den drei Auslassungspunkten in o.a. Quelltext erahnen – werden alle Kommandos, die vom Master kommen, ausgewertet. Wir kommen gleich noch einmal darauf zurück.

Zunächst schauen wir uns die Befehlszeile

```
  memcpy( opFrame, data, data_len );
```

in der obigen Empfangsroutine an. Auf die Eingangsdaten zeigt ein Pointer. Um die Daten später im Programm nutzen zu können, werden sie in die Struktur von 13 Byte mit dem Statement

```
uint8_t opFrame[] = { 0x00, 0x00, 0x00, 0x00, …, 0x00, 0x00 };
```

kopiert. Dieses Konstrukt lässt sich nun gut verarbeiten. Die gleiche Variable wird übrigens auch für das Verschicken von Daten verwendet. Dies wurde insbesondere auch deshalb so angelegt, weil häufig hereinkommende Befehle quittiert werden müssen und diese Quittungen die gleichen Daten wieder enthalten. Dann kann man *opFrame* nur leicht verändert wieder verschicken.

Nun zurück zur Eingangsroutine.

Die drei Punkte stehen für einen Verzweigungsbefehl, der alle für dieses Board relevante Befehle behandelt.

```
switch (opFrame[0x01]){
  case BlinkAlive:
  if (secs<10)
      secs = 10;
  break;
  case PING: {
    statusPING = true;
    got1CANmsg = true;
    // alles Weitere wird in loop erledigt
  }
  break;
  // config
  case CONFIG_Status: {
      CONFIG_Status_Request = true;
      CONFIGURATION_Status_Index = (Kanals) opFrame[9];
      if (CONFIGURATION_Status_Index>0 && secs<100)
        secs = 100;
      got1CANmsg = true;
  }
  break;
  case SYS_CMD: {
    if (opFrame[9]==SYS_STAT) {
      SYS_CMD_Request = true;
      // alles Weitere wird in loop erledigt
    got1CANmsg = true;
    }
  }
  break;
  case SWITCH_ACC:
  break;
}
```

Bereits die Grundkonfiguration eines Decoders benötigt einige Kommandos, die zu seiner Verwaltung notwendig sind, wie beispielsweise seine Adresse. Weil hinter den Kommandos Konstanten stehen, die natürlich von Märklin in der CAN-Dokumentation vorgegeben sind, kann man recht einfach in diesem SWITCH-Befehl danach verzweigen. In jedem CASE-Zweig wird also ein Kommando behandelt. Diese Kommandos werden vom Master in ein CAN-Frame verpackt geschickt. Das eigentliche Kommando steht neben anderen Daten in der Datenstruktur *opFrame* immer an Stelle 0x01 (die Zählung beginnt mit 0x00!).

Diese Kommandos sind in den folgenden Abschnitten beschrieben.

PING

Obwohl vielleicht etwas unscheinbar und auf den ersten Blick gar nicht erkennbar, so ist der PING-Befehl dennoch unerlässlich, um eine Ordnung in der Welt der CANgurus aufzubauen. Die PING-Aufforderung wird u.a. durch die CANguru-Bridge ausgelöst und inhaltsgleich nacheinander an den CAN-Bus und dann an die Clients geschickt:

```
0x00(30)4711 [00] 00 00 00 00 00 00 00 00
0x00(30)4711 [00] 00 00 00 00 00 00 00 00
```

Dies ist die Aufforderung. Wie die Decoder antworten, wird weiter unten beschrieben.

SWITCH_ACC

Ausgeschrieben heißt das »switch accessory« und betrifft beispielsweise das Umschalten der Weichendecoder und wird erst später behandelt. Diese Verzweigung habe ich hier stehenlassen, um anzuzeigen, dass an dieser Stelle auch die spezifischen Anweisungen für die Decoder aufgelistet sind und bearbeitet werden.

BlinkAlive

Dieses Kommando ist kein durch die Märklin-Dokumentation vorgegebenes Kommando, sondern eines, was wir uns selbst überlegen. An anderer Stelle wurde bereits gesagt, dass das Blinken auf den Decoderboards anders als beim Blinky nicht durch sich selbst erzeugt wird, sondern von der Bridge veranlasst wird. Dies geschieht ganz einfach dadurch, dass in diesem Programmabschnitt die Variable *secs* auf 10 gesetzt wird. Dies bewirkt ganz analog zum Blinky, dass die LED auf dem Board kurze Zeit schnell blinkt. Es wurde bereits dargestellt, dass bei Parameteränderungen eines Boards diese Variable auf 100 hochgesetzt wird, dadurch länger blinkt und somit identifizierbar ist als das, was gerade verändert wird.

Die Decoder senden ihre PING-Antwort

Wir sind jetzt wieder in der Abarbeitung der o.a. Tabelle.

Der PING-Befehl von der Bridge enthält keine weiteren Parameter. Das braucht er auch nicht, da jeder Decoder weiß, was er zu antworten hat. Und wir wissen das, weil wir die Märklin-Dokumentation dazu (6.1 Befehl: Softwarestand Anfrage / Teilnehmer Ping) gelesen haben. So gibt der Decoder mit der UID 45 00 91 95 beispielsweise die Antwort:

```
0x00(31)D715 R [08] 45 00 91 95 00 01 00 53.
```

Die hexadezimale 0x53 an letzter Stelle des Frames gibt zu erkennen, um welchen Decoder es sich handelt. Das steht natürlich nicht in der Märklin-Dokumentation. Das sind spezifische Festlegungen, die wir hier treffen.

Dazu haben wir die Kennungen von 0x004F bis 0x005F für uns reserviert.

Dabei sind festgelegt:

```
#define DEVTYPE_BASE      0x0050
#define DEVTYPE_SERVO     0x0053
#define DEVTYPE_RM        0x0054
#define DEVTYPE_LIGHT     0x0055
#define DEVTYPE_SIGNAL    0x0056
#define DEVTYPE_LEDSIGNAL 0x0057
```

Wenn wir also im Ausgabefenster des CANguru-Servers die PING-Antworten der Decoder beobachten, können wir an deren letzter Stelle erkennen, um welche Decoder es sich handelt.

Die Decoder senden Konfigurationsdaten

Der CANguru-Server ist neben der Anzeige von CAN-Frames auch für die Änderung von Decoder-Parametern zuständig. Voraussetzung ist, dass er auf diese Werte zugreifen kann bzw. die Decoder sie ihm mitteilen können. Umgekehrt müssen diese Daten auch wieder an die Decoder gebracht und dort gespeichert werden können. Dazu gibt es die folgenden Aufrufe.

CONFIG_STATUS

Mit diesem Kommando fragt der CANguru-Server Parameterdaten ab. Ein Beispiel für eine solche Aufforderung sieht so aus:

```
0x00 (3A) 03 00 [05] 45 00 91 95 00 00 00 00
```

Im Detail bedeutet dies, dass das Board mit der UID 45 00 91 95 aufgefordert wird, die Daten für den Kanal 0 (Byte 9) zurückzuliefern. Die unterschiedlichen Parameter werden hier als Kanal bezeichnet. Dabei spielt der Kanal 0 noch eine besondere Rolle. In dessen Daten werden u.a. der Name der Anwendung sowie die Zahl der weiteren Kanäle (Parameter) festgelegt. In unserem Basisdecoder gibt es dann noch einen Kanal 1, der die Adresse des Decoders angibt. Die Datenstruktur der Kanäle 0 und 1 sieht folgendermaßen aus:

```
const uint8_t Kanalwidth = 8;
const uint8_t numberofKanals = endofKanals-1;

const uint8_t NumLinesKanal00 = 5*Kanalwidth;
uint8_t arrKanal00[NumLinesKanal00] = {
/*1*/   Kanal00, numberofKanals, 0, 0, 0, 0, 0,
        params.decoderadr,
/*2.1*/ highbyte2char(hex2dec(params.uid_device[0])),
        lowbyte2char(hex2dec(params.uid_device[0])),
/*2.2*/ highbyte2char(hex2dec(params.uid_device[1])),
        lowbyte2char(hex2dec(params.uid_device[1])),
/*2.3*/ highbyte2char(hex2dec(params.uid_device[2])),
        lowbyte2char(hex2dec(params.uid_device[2])),
/*2.4*/ highbyte2char(hex2dec(params.uid_device[3])),
        lowbyte2char(hex2dec(params.uid_device[3])),
/*3*/   'C', 'A', 'N', 'g', 'u', 'r', 'u', ' ',
/*4*/   'B', 'a', 's','i', 's', 'd', 'e', 'c',
/*5*/   'o', 'd', 'e', 'r', 0, 0, 0, 0
  };
const uint8_t NumLinesKanal01 = 4*Kanalwidth;
uint8_t arrKanal01[NumLinesKanal01] = {
// #2 - WORD immer Big Endian, wie Uhrzeit
/*1*/   Kanal01, 2, 0, minadr, 0, maxadr, 0, params.decoderadr,
/*2*/   'M', 'o', 'd', 'u', 'l', 'a', 'd', 'r',
/*3*/   'e', 's', 's', 'e', 0, '1', 0, (maxadr/100)+'0',
/*4*/   (maxadr-(uint8_t)(maxadr/100)*100)/10+'0',
        (maxadr-(uint8_t)(maxadr/10)*10) +'0', 0,
        'A', 'd', 'r', 0, 0
  };
```

Die detaillierte Datenbeschreibung findet man in der Märklin-Dokumentation im Kapitel 6.2 Befehl: Statusdaten Konfiguration. Die Darstellung erscheint auf den ersten Blick etwas verworren. Es ist aber der Ansatz, eine Struktur zu schaffen, die die im Programm verwendeten Daten in die Struktur einbezieht und gleichzeitig möglichst einfach anschließend an den CANguru-Server übertragen werden kann.

Zusammenfassend passiert hier also Folgendes. Der CANguru-Server gibt zunächst an die CANguru-Bridge die Aufforderung, dass der Decoder mit der im Befehl angezeigten UID die Daten des Kanals 0 (könnte auch später Kanal 1 sein) an ihn übermittelt. Da die Bridge die UIDs aller Decoder kennt (bzw. die Berechnungsvorschrift), wird dieses Kommando nur an den betroffenen Decoder verschickt. Anschließend landet diese Aufforderung an dieser Stelle im Programm. Das ist für den Decoder nun der Anlass, die geforderte Datenstruktur über die Bridge an den CANguru-Server zurückzusenden. Damit wäre dieser Vorgang zunächst abgeschlossen, wären da im Quelltext nicht noch die Zeilen:

```
if (CONFIGURATION_Status_Index>0 && secs<100)
  secs = 100;
```

Diese beiden Zeilen bewirken, dass die LED auf dem Board des Decoders genau 100 Blinkaktivitäten durchführt, und zwar immer genau dann, wenn dieser Decoder aufgefordert wird, Daten aus den Kanälen (außer dem Kanal 0) preiszugeben.

SYS_CMD/SYS_STAT

Mit dem *CONFIG_STATUS*-Kommando wurden die aktuellen Datenpakete (beim Basisdecoder nur eins) an den CANguru-Server geliefert. Nun kann der Nutzer diese Daten nach seinen Wünschen in den vorgegebenen Grenzen anpassen. Wenn er das beendet, werden die geänderten Daten (auch die eventuell unveränderten Daten, denn sie werden auf jeden Fall zurückgeschickt) wieder an den Decoder gesendet. Dies geschieht mit diesem Befehl. Wie aber die Überschrift bereits andeutet, werden dafür zwei Kommandos benötigt, denn der erste Teil (*SYS_CMD*), der wieder an Stelle 1 in *opFrame* auftaucht, ist ein Sammelbefehl. Spezifiziert wird er dann mit dem Byte an Stelle 9 der Datenstruktur, welches an dieser Stelle *SYS_STAT* heißt. Details stehen wieder in der Märklin-Dokumentation im Abschnitt 2.12, Befehl: System Status.

Nun passiert im Programmablauf außer der Zuweisung

```
SYS_CMD_Request = true;
// alles Weitere wird in loop erledigt
```

nichts weiter. Aber es gibt noch den Hinweis auf Aktivitäten in der loop. Diesen Programmteil haben wir bereits kennengelernt. In unserem ersten Programm Blinky blieb dieser Teil leer. Das muss natürlich nicht sein. Häufig werden Aktivitäten in diese Schleife verlegt, um die Aufrufe im Empfangsteil kurz zu halten, damit dort nichts verloren geht. In der Eingangsprozedur wird lediglich die notwendige Aktivität identifiziert, das entsprechende Flag gesetzt und fertig. Anschließend wird automatisch loop aufgerufen. Dort wird dann festgestellt, dass ein Flag gesetzt ist, und die entsprechende Arbeit geleistet.

Das ist auch in diesem Fall so. Es gibt aber in allen Verzweigungen des *SWITCH*-Konstrukts noch die Anweisung

```
got1CANmsg = true;
```

Die ist noch wichtig, um den restlichen Programmteilen überhaupt zu signalisieren, dass eine CAN-Message eingetroffen und zu bearbeiten ist.

Zurück zum *SYS_STAT*-Befehl. Was passiert jetzt in der loop-Schleife?

Dort wird festgestellt, dass das Flag *SYS_CMD_Request* gesetzt ist, und daraufhin wird eine Routine mit dem Namen *receiveKanalData* aufgerufen.

```
if (SYS_CMD_Request) {
  receiveKanalData();
}
```

In dieser Routine werden dann die Daten vom CANguru-Server ausgewertet.

```
void receiveKanalData() {
  SYS_CMD_Request = false;
  uint8_t oldval;
  switch (opFrame[10]){
    // Kanalnummer #1 - Decoderadresse
    case 1: {
      oldval = params.decoderadr;
      params.decoderadr = (opFrame[11]<<8)+opFrame[12];
      if (testMinMax(oldval, params.decoderadr, minadr,
                                                  maxadr)) {
        // speichert die neue Adresse
        EEPROM.write (adr_decoderadr, params.decoderadr);
        EEPROM.commit();
        // neue Adressen
      } else {
        params.decoderadr = oldval;
      }
    }
    break;
  }
  // antworten
  opFrame[11] = 0x01;
  opFrame[4] = 0x07;
  sendCanFrame();
}
```

Zunächst muss natürlich das Flag *SYS_CMD_Request* wieder zurück auf *false* gesetzt werden. Damit weiß die *loop*, dass diese Anfrage bearbeitet worden ist. Anschließend wird das Datenbyte 10 (dezimal) ausgewertet, denn an dieser Stelle hat der CANguru-Server hineingeschrieben, welchen Parameter (wie gesagt beim

Basisdecoder ist es nur einer; es könnten aber mehr sein, beispielsweise beim Weichendecoder sind es deutlich mehr) er zurückliefert. Zunächst wird überprüft, ob der übermittelte Wert aus den Datenfeldern 11 und 12 sich überhaupt von dem aktuellen unterscheidet. Im vorliegenden Beispiel dreht es sich bei dem Parameter um die Decoder-Adresse, die in der Variablen *params.decoderadr* gespeichert ist. Über diese Prüfung hinaus wird in der Funktion *testMinMax* auch die Zulässigkeit des eventuell neuen Werts festgestellt. Dazu wird er mit der Unter- und der Obergrenze von erlaubten Werten verglichen. Nur wenn das alles ordnungsgemäß ist und der Wert sich tatsächlich unterscheidet, wird er weiter behandelt und im EEPROM verewigt. Mit den drei letzten Statements in dieser Routine wird quittiert, dass der Decoder verstanden hat. Auch diese Meldung wird wie alle anderen im CAN-Format abgegeben. Dafür ist die Prozedur *sendCanFrame()* zuständig. Deshalb ist es ganz sinnvoll, sich dieses Vorgehen einmal etwas genauer anzuschauen.

```
void sendCanFrame(){
  // to Server
  for (uint8_t i = CAN_FRAME_SIZE-1; i<8-opFrame[4]; i--)
    opFrame[i] = 0x00;
  opFrame[1]++;
  opFrame[2] = hasharr[0];
  opFrame[3] = hasharr[1];
  sendTheData();
}
```

Man ist so übereingekommen, dass die Datenfelder aus dem Frame, die nicht benutzt werden, wo also die Länge kleiner 8 ist, mit Nullen aufgefüllt werden. Dazu dienen die beiden ersten Zeilen. Dann wird die Datenstelle 1 – das ist das Kommando – um eins erhöht. Warum das? Damit wird das Bit im Header des Frames gesetzt, das eine Antwort kennzeichnet (*response bit*). In die beiden folgenden Felder wird der Hash eingetragen. Um diesen Wert nicht jedes Mal neu errechnen zu müssen, wurde er zum Schluss des Pairing-Prozesses einmalig in der Routine *generateHash* auf der Basis der durch die Bridge vorgegebenen und übermittelten Reihenfolge der Decoder errechnet und in das kleine Array *hasharr* gespeichert. Damit sind die Hash-Werte der Decoder einmalig und sie laufen bei 0xD715 beginnend aufsteigend.

Zusammenfassung

Damit sind die wesentlichen Merkmale des Basisdecoders beschrieben. Vielleicht war es etwas zu viel Tobak, um es beim ersten Mal zu durchdringen.

Man kann die Leistung des Basisdecoders auch mit einigen wenigen Worten beschreiben. Er bietet die Grundfunktionalität eines realen Decoders, er kann über

ESP-NOW kommunizieren, damit Befehle empfangen, sich selbst identifizieren, seine Parameter bekannt machen und geänderte wieder aufnehmen und speichern.

Der gesamte Quellcode liegt im Downloadbereich. Dort kann man bei dessen Studium weitere Details herausfinden, die das Verständnis noch weiter vertiefen. Auch bei der Betrachtung der folgenden Decoder lässt sich noch die eine oder andere Frage klären.

Der Weichendecoder

In den vergangenen Abschnitten wurde erklärt, wie ein Decoder grundsätzlich funktioniert. Vom Grundsatz her wollen wir nun weg und sehen, wie ein realer einsetzbarer Decoder in seiner Funktionalität darüber hinausgeht. Dabei wollen wir auf die Sachverhalte nicht mehr eingehen, die der Basisdecoder bereits beinhaltet und hier nur in größerem Umfang vorhanden sind. Das betrifft beispielsweise das Laden und Speichern der Parameter im Setup oder die Parameterübergabe an den CANguru-Server.

Wir beginnen mit dem Weichendecoder.

Ganz wichtig für jeden Decoder ist natürlich die Frage, ob er ein ankommendes Kommando bedienen muss. Die Antwort hängt von zwei Parametern ab. Das ist einmal das Kommando – im Frame steht es im Byte 0x01. Weichendecoder hören auf den Befehl *switch_acc* (hexadezimal 0x16). Das alleine genügt natürlich nicht, denn auch die Adresse muss stimmen. Das gilt insbesondere, wenn wir mehr als einen Weichendecoder im System haben.

Festlegen der Weichenadressen

Damit später im laufenden Betrieb die für den einzelnen Decoder richtigen Adressen bekannt sind, werden sie zu Beginn des Programms im Setup errechnet. Welche Adressen der Decoder tatsächlich bedient, ist natürlich von seiner Decoder-Adresse abhängig.

```
void calc_to_address(){
  // to steht für turnout, den englischen Begriff für Weiche
  // berechnet die _to_address aus der Adresse und der
  // Protokollkonstante
  uint16_t baseaddress = (params.decoderadr - 1) * num_servos;
  for (uint8_t servo = 0; servo < num_servos; servo++) {
    uint16_t to_address = PROT + baseaddress + servo;
    // _to_addresss einlesen in lokales array
    Servos[servo].Set_to_address(to_address);
  }
}
```

Bereits an anderer Stelle haben wir ja gesagt, dass die Adressen aller Magnetartikel – also nicht nur der Weichen, sondern auch der Form- und LED-Signale – fortlaufend vergeben werden, und zwar jeweils vier Adressen pro Decoder. Das führt zu der schlichten Adressberechnung in dem o.a. Code-Stückchen. Wichtig ist dabei noch die Konstante PROT, die zu den Adressen addiert wird und dabei angibt, dass wir mit dem MM-(Märklin-Motorola-)Protokoll arbeiten. Falls jemand das später ändern will, beispielsweise auf DCC, so muss genau dieser Wert geändert werden. Näheres dazu finden wir in der Märklin-Dokumentation.

Wie bereits zu Beginn dieses Abschnitts erklärt, arbeiten wir mit der Programmiersprache C++. Wesentliches Merkmal dieser Sprache ist die Möglichkeit, Sachverhalte und Vorgänge in Klassen zu kapseln und deren Eigenschaften zu vererben, so dass aus einfachen Objekten immer leistungsfähigere Zusammenhänge darstellbar sind und dennoch überschaubar bleiben.

So haben wir zu Beginn des Programms dieses Konstrukt genutzt und die Klasse *Sweeper* in den vier Variablen *ServoX* instanziiert und anschließend diese Variablen einem *array* zugewiesen.

```
Sweeper servo00;
Sweeper servo01;
Sweeper servo02;
Sweeper servo03;

Sweeper Servos[num_servos] = {servo00, servo01, servo02, servo03};
```

Dadurch haben wir uns die einfache Möglichkeit geschaffen, auf die Servos zuzugreifen. Davon haben wir bereits oben Gebrauch gemacht, als wir jedem der Servos seine Adresse zugewiesen haben. Bemerkenswert ist hierbei, dass wir die Adressen nicht irgendwo global im Hauptprogramm speichern, sondern an dieser Stelle der Klasse zuweisen. Ein Kernelement dieser Vorgehensweise ist also, dass Eigenschaften und Funktionen in den Klassen selbst gespeichert werden. Auf einige weitere Eigenschaften der Klasse *Sweeper* werden wir später noch eingehen.

Die Empfangsroutine

Es gab bereits einen Abschnitt, der mit *SWITCH_ACC* überschrieben war. Dort war schon angedeutet, dass an dieser Stelle die entscheidende Funktionalität für den Weichendecoder ansetzt. Dort geht das Signal für eine Änderung der Weichenstellung ein. So weit wäre ja schon fast alles klar, aber das wäre zu einfach. Es müssen doch noch einige Dinge ergänzt werden.

Beim Basisdecoder war die genannte Stelle im Quelltext leer. Beim Weichendecoder sieht sie folgendermaßen aus:

```
case SWITCH_ACC: {
  // Umsetzung nur bei gültiger Weichenadresse
  uint16_t _to_address =
    (uint16_t) ((opFrame[7] << 8) | opFrame[8]);
  for (int servo = 0; servo < num_servos; servo++) {
    // Auf benutzte Adresse überprüfen
    if (_to_address == Servos[servo].Get_to_address()) {
      Servos[servo].SetPosDest((position) opFrame[9]);
      // muss Artikel geändert werden?
      if (Servos[servo].PosChg()) {
        switchAcc(servo);
      }
      break;
    }
  }
}
break;
```

Das sieht auch nicht fürchterlich kompliziert aus. Schauen wir uns an, was passiert. Zunächst muss der Decoder entscheiden, ob er überhaupt betroffen ist, denn er bearbeitet ja nur vier Weichenadressen. Dies ist nur dann der Fall, wenn die Adresse, die der Decoder mit dem CAN-Frame empfangen hat, mit einer seiner Adressen übereinstimmt, die er vorher ausgerechnet hat. Dazu wird jeder Servo gefragt, ob seine Adresse mit der empfangenen übereinstimmt. Ist dies der Fall, so wird dem entsprechenden Servo die mitgeteilte Position vorgegeben. Nur wenn sich die von der momentanen unterscheidet, wird tatsächlich der *switchAcc(servo)*-Befehl ausgegeben.

Das Stellen der Servos

Jetzt wissen wir ja bereits, dass das Stellen der Servos nicht in einem schnellen Lauf absolviert wird, sondern beliebig langsam. Beliebig heißt hier, in einer vom Nutzer – also Ihnen – vorgebbaren Geschwindigkeit. Wie läuft das ab?

Dem Verstellen der Servos liegt ein recht einfaches Konzept zugrunde. In der Regel kann ein Servo einen Halbkreis von 0 bis 180 Grad überstreichen. Bei der Weiche werden davon standardmäßig 5 bis 74 Grad genutzt. Bei der einen Stellung steht die Weiche rechts, andernfalls links. Mit dem Kommando *switchAcc(servo)* wird neben der Rückmeldung an das Steuerprogramm lediglich eine Sollposition gesetzt. Wenn der Servo beispielsweise auf 5 Grad steht, wird die Sollposition jetzt auf 74 Grad verstellt. Aber noch bewegt sich nichts. Wir müssen nun in die *loop* schauen.

```
for (uint8_t servo = 0; servo < num_servos; servo++){
  Servos[servo].Update();
}
```

Mit diesen Zeilen wird kontinuierlich die Überwachung angestoßen, ob die tatsächliche Position von der Sollposition abweicht. Und nun kommt die Zeit ins Spiel.

```
void Sweeper::Update() {
  #ifdef to2can
  const uint8_t wakeupincr = 0;
  if (pos!=(destpos+endpos)){
    if((micros() - lastUpdate) > updateInterval) {
    // time to update
      pos += increment;
      ledcWrite(channel, pos);
      lastUpdate = micros();
    }
  }
  else {
    ...
  }
```

Diese Überprüfung findet eben nur zu Zeittakten statt, die wir bestimmen können. Dies geschieht immer dann, wenn die seit der letzten Prüfung verstrichene Zeit größer ist, als die Variable *updateIntervall* angibt. Diese Variable können wir mit der Parameterveränderung im CANguru-Server anpassen. Sind die durch diesen Wert vorgegeben Pausen länger, so bewegt sich der Servo langsamer oder bei kleineren Werten schneller. Denn in jedem Takt wird der Servo nur um einen geringen, aber gleichbleibenden Winkelgrad verschoben.

In der *Sweeper*-Klasse gibt es noch einige Routinen mehr. Das sind aber einfache Prozeduren oder Funktionen, die meistens dem Werteaustausch zwischen dem Hauptprogramm und dieser Klasse dienen. Man mag sich fragen, welchen Vorteil es hat, wenn man aufwendig Daten über Funktionen so hin- und herschieben muss. Diesen Overhead sollten wir bewusst in Kauf nehmen, denn er dient der Sicherheit. Auf die privaten Daten einer Klasse wie *Sweeper* kann man ausschließlich mit Funktionen zugreifen. Damit ist es ausgeschlossen, dass Daten ungewollt oder durch irgendwelche Seiteneffekte verändert werden können. Da können sich Fehler einschleichen, die man nur mit viel Aufwand finden und ausbessern kann.

Viele von Ihnen wissen bestimmt, dass die Auslenkung eines Servos durch Impulse bestimmt wird, die an dessen Steuerleitung anliegen. Im Mittelwert sind diese Impulse 20 Millisekunden (ms) lang. Werden diese Impulse länger oder kürzer, so schiebt sich der Servoarm nach links oder rechts. Man nennt dies auch PWM (= Pulse Width Modulation oder Impulsbreitenmodulation). In der o.a. Update-Funktion taucht zunächst kein 20-ms-Impuls auf. Stattdessen gibt es dort eine Funktion *ledcWrite(channel, pos)*. Hierbei handelt es sich um eine der vielen kleinen Helfer aus der Arduino-Umgebung. Die Routinen der *ledc*-Familie setzen genau diese PWM-Funktionalität um. So wird mit dem Statement

```
ledcSetup(ch, 50, 16);
            // channel X, 50 Hz, 16-bit depth
```

ganz zu Beginn der *Sweeper*-Klasse jedem Servo ein *Timer* zugeordnet, der dann mit 50 Hertz (das sind eben genau 20 ms Periodendauer) und einer Auflösung von 16 Bit arbeitet. In dieser Routine wird auch festgelegt, welcher Pin des ESP32-Boards »seinen« Servo betreibt.

Die Ausladung

Jetzt wissen wir, wie und warum sich die Servos durch ein Kommando bewegen lassen. Aber damit ist die Geschichte noch nicht zu Ende. Wenn wir einen Servo beispielsweise auf die 74-Grad-Position fahren lassen, fährt er nicht einfach nach 74 und bleibt dort stehen. Vielmehr fährt er etwas über diese Marke hinaus und kommt dann wieder zurück. Dieses Verfahren habe ich Ausladung genannt. In der Prozedur *Update()* wird dieses Verhalten über die Variable *endpos* gesteuert. Das läuft so ab, dass zunächst die Endposition (entspricht der Sollposition und zusätzlich der Ausladung) angefahren wird. Anschließend wird die Variable *endpos* immer kleiner, so dass die Summe aus Sollposition und Ausladung am Ende dann der Sollposition entspricht.

Wir besprechen dieses Verfahren deshalb so ausführlich, weil sich der Formsignaldecoder genau in diesem Aspekt vom Weichendecoder unterscheidet.

Zusammenfassung

Die Funktionalität des Weichendecoders geht insbesondere in zwei Aspekten über die des Basisdecoders hinaus. Die Fähigkeiten werden in deutlich größerem Umfang genutzt und er setzt auf einen bestimmten Befehl hin, der vom Steuerprogramm ausgesendet wird, Aktivitäten um.

Der Formsignaldecoder

Der Formsignaldecoder bewegt ebenso wie der Weichendecoder ein bzw. vier Servos. Da liegt es nahe, auf der Basis des Weichendecoders einen Decoder zu bauen, der Formsignale steuert. Demzufolge sprechen wir hier auch nur die wenigen Unterschiede zwischen den beiden Decodertypen an.

Dies betrifft natürlich die Ausladung. Das Bild 4–16 aus dem Nutzerkapitel veranschaulicht, wie sich Weichen- und Formsignal nach dem Überschreiten bzw.

Erreichen der Sollposition verhalten. Während der Servo über diese Position einmalig hinausläuft, um dann die Sollposition endgültig einzunehmen, läuft das Formsignal bereits beim Erreichen wieder etwas zurück, bewegt sich wieder zur Endposition, um dann wiederum eine etwas kleinere Wegstrecke zurückzulaufen. Dieser Vorgang wiederholt sich einige Male und erzeugt damit das bekannte Wippen des Signalarms. Dies findet alles im *else*-Zweig der *Update()*-Funktion statt. Dort gibt es eine Variable *bob*. Sie zählt das Wippen und gibt auch gemeinsam mit der Konstanten *deltaendpos* die Strecke für das Wippen vor. Die Variable *increment* wird wie auch bei der Weiche von +1 nach -1 umgeschaltet und steuert damit auch die Laufrichtung des Servos.

Wegen der großen Ähnlichkeit der beiden Programme gibt es auch nicht zwei Quelltexte, einen für die Weiche und einen für die Formsignale, sondern nur den Quelltext Servo. Es ist der Servo, der beide so eng aneinanderknüpft. Die verbleibenden Unterschiede werden innerhalb des Quelltextes mit Hilfe einer *#define*-Zuweisung unterschieden. In der Datei »sweeper.h« gibt es zu Beginn die Zeilen

```
#define to2can
//#define formsignal2can
```

Dabei sollte nur eine der beiden Zuweisungen aktiv sein. Die andere sollte auskommentiert werden. So ist momentan in o.a. Zeilen die Weiche aktiv. Stehen die Kommentarzeichen eine Zeile höher, wird der Quelltext für das Formsignal übersetzt. Im Quelltext werden in den Prozeduren dann mit

```
#ifdef formsignal2can
...
#endif
```

bzw.

```
#ifdef to2can
...
#endif
```

nur die jeweils relevanten Zeilen übersetzt.

Wenn Sie also den Weichendecoder übersetzen wollen, müssen die Kommentarzeichen in der zweiten Zeile stehen und für den Fall der Übersetzung des Formsignaldecoders in der ersten Zeile.

Der LED-Signaldecoder

Auch der LED-Signaldecoder ist nahe am Weichendecoder. Alles, was die Zuweisung von Adressen und die Auswertung des Kommando-Frames anbelangt, ist mit den beiden vorgenannten Decodern gemein. Natürlich steuert der LED-Decoder keine Servos, sondern LEDs an. Das ist dann auch schon der Unterschied. Äußerlich kann man es daran festmachen, dass für das Ansteuern von vier Servos vier Leitungen notwendig sind, während wir für die vier LED-Signale acht Leitungen (gezählt ohne die »+«-Leitung) benötigen. Wir haben in einem Signal jeweils eine rote und eine grüne LED, die auch jeweils mit einem Draht angesteuert werden. Gemeinsam ist beiden die Rückleitung, die über den strombegrenzenden Widerstand läuft.

Analog zum Rechts bzw. Links beim Servo schalten wir hier zwischen Grün und Rot hin und her. Und was beim Servo das langsame Umschalten zwischen den beiden Endpositionen war, ist hier das langsame Überblenden zwischen den Signalfarben. Rot geht langsam aus, während Grün immer heller wird.

Es überrascht uns jetzt nicht, dass dieser Vorgang in einer Routine *Update()* umgesetzt wird, die unablässig in *loop* aufgerufen wird.

Doch schauen wir uns *Update()* mal an.

```
void LEDSignal::Update() {
  if((micros() - lastUpdate) > updateInterval) {
    // time to update
    // GRÜN
    if (green_dutyCycle_curr!=green_dutyCycle_dest){
      green_dutyCycle_curr += green_increment;
      ledcWrite(green_channel, green_dutyCycle_curr);
    }
    // ROT
    if (red_dutyCycle_curr!=red_dutyCycle_dest){
      red_dutyCycle_curr += red_increment;
      ledcWrite(red_channel, red_dutyCycle_curr);
    }
    lastUpdate = micros();
  }
}
```

Wir finden einen analogen Mechanismus mit Soll- und Istpositionen, der mit einem Inkrementwert den einen Wert an- und den anderen gleichförmig abschwellen lässt. Das Ganze erfolgt in einer Zeitsteuerung, die den Prozess schnell oder langsam ablaufen lässt, so wie es der Nutzer gerne hätte.

Natürlich fallen alle Überlegungen mit Winkeln hier weg, die *Sweeper*-Klasse heißt hier *LEDSignal* und findet sich in der Datei »PWM«.

Der Lichtdecoder

Zweifellos baut auch der Lichtdecoder auf dem Basisdecoder auf. Aber mit den anderen bereits vorgestellten Decodern hat er nur wenig, wenn überhaupt etwas gemein.

So fehlt ihm beispielsweise eine *switch_acc*-vergleichbare Routine, mit der er Kommandos von dem Steuerprogramm empfangen könnte. Er hat sie nicht, weil er sie auch gar nicht braucht. Es gibt keine Befehle, die das Steuerprogramm ihm schicken könnte. Der Lichtdecoder bekommt seine Anweisungen nur direkt vom Nutzer über den CANguru-Server. Dort stellen Sie ein, welche Lichtprogramme er anzeigen soll.

Und damit sind wir beim Thema Lichtprogramm.

Die Aussage, hier ist alles anders, müssen wir einschränken, wenn wir uns die grundlegende Datenstruktur anschauen. Denn hier finden wir

```
CANguruLight CANguruLight0;
CANguruLight CANguruLight1;
CANguruLight CANguruLight2;
CANguruLight CANguruLight3;

CANguruLight channels[cntChannels] = {CANguruLight0,
                    CANguruLight1, CANguruLight2, CANguruLight3};
```

und das kommt uns doch sehr bekannt vor. Jedem der vier Kanäle ist eine Instanz der Klasse *CANguruLight* zugeordnet, auf die wir wieder über ein *array* zugreifen.

Bevor wir uns jedoch den Mechanismus anschauen, wie die 32 möglichen LEDs ein- oder ausgeschaltet werden, wollen wir uns ansehen, in welcher Datenstruktur die einzelnen Lichtprogramme abgespeichert sind.

Schauen wir uns dazu das Lichtprogramm *Ampel* an.

```
const uint8_t NumLEDLinesAmpel = 11;
const LEDLinestruct LEDLineAmpel[NumLEDLinesAmpel] = {
// Straße1: rot; Straße2: rot; Fußg: rot; Dauer: 1
{0, 0b01101101},
// Straße1: rot; Straße2: rot; Fußg: grün; Dauer: 5
{100, 0b01101110},
// Straße1: rot; Straße2: rot; Fußg: rot; Dauer: 1
{600, 0b01101101},
// Straße1: rot/gelb; Straße2: rot; Fußg: rot; Dauer: 1
{700, 0b00101101},
// Straße1: grün; Straße2: rot; Fußg: rot; Dauer: 5
{800, 0b11001101},
// Straße1: gelb; Straße2: rot; Fußg: rot; Dauer: 1
{1300, 0b10101101},
// Straße1: rot; Straße2: rot; Fußg: rot; Dauer: 1
{1400, 0b01101101},
```

```
// Straße1: rot; Straße2: rot/gelb; Fußg: rot; Dauer: 1
{1500, 0b01100101},
// Straße1: rot; Straße2: grün; Fußg: rot; Dauer: 5
{1600, 0b01111001},
// Straße1: rot; Straße2: gelb; Fußg: rot; Dauer: 1
{2100, 0b01110101},
// Ende
{2200, 0b01110101}
};
```

Wir sehen ein zweidimensionales Array. In jeder Zeile ist ein Zustand abgebildet. Dieser Zustand wird durch die beiden Werte in dieser Zeile beschrieben. Der erste Wert zeigt an, zu welchem Zeitpunkt die LEDs in einem Kanal so ein- bzw. ausgeschaltet sein sollen wie in dem zweiten Wert dargestellt. Der erste Wert ist quasi wie eine Uhrzeit zu behandeln. Der zweite Wert ist im Binärformat aufgeschrieben, wobei jede Stelle (0 oder 1) einer LED entspricht. Naheliegend ist, dass die 1 einer ein- und eine 0 einer ausgeschalteten LED entspricht.

Dementsprechend gibt es eine *Timer*-Funktion, die analog einer Uhr überprüft, ob die eben angesprochenen Uhrzeit erreicht ist. Ist dies der Fall, so werden die LEDs so geschaltet, wie der zugehörige Wert vorgibt. Dieser Zustand bleibt so lange erhalten, bis der Wecker klingelt, weil die Uhr die Zeit der nächsten Zeile erreicht hat. Ist dieser Vorgang bei der letzten Zeile angekommen, so beginnt das Spiel von vorne.

So weit ist alles noch recht übersichtlich. Das soll im Prinzip auch so bleiben. Um das Überblenden, das wir bereits bei den LED-Signalen kennengelernt haben, auch hier anzuwenden, setzen wir den LED-Controller-Baustein PCA9685 ein. Damit ist es auch relativ einfach möglich, bis zu 32 LEDs an das ESP32-Board anzuschließen.

Im Folgenden erfahren Sie ein wenig Theorie zu diesem Chip.

Der PCA9685 ist ein 16-channel LED Controller, der über nur zwei Leitungen (I^2C-Schnittstelle) gesteuert wird, also aus 2 mach 16. Aber noch besser ist, dass diese beiden Leitungen problemlos weitere solcher Bausteine programmieren können. Jeder seiner Ausgänge kann eine LED ansteuern und zwar mit beliebiger Helligkeit, die in 4096 Schritten eingestellt werden kann. Ein weiterer Vorteil ist, dass die LEDs nicht über einen Widerstand angeschlossenen werden müssen, da die Treiber als Stromquelle geschaltet sind, die den Strom durch die LED auf 25 mA begrenzen.

Alle diese Vorteile nutzen wir im Lichtdecoder, um mit den LEDs möglichst realistische Effekte erzeugen zu können.

Der Gleisbesetztmelder

Ähnlich wie der Lichtdecoder weicht auch der Gleisbesetztmelder von der »Servo-Linie« ab. Auch er empfängt keine Befehle von der Steuerzentrale. Seine Aufgabe besteht ja darin, Gleisabschnitte zu überwachen und zu melden, wenn in einem oder mehreren Abschnitten Stromverbrauch registriert wird. Er schickt aus eigener Initiative Meldungen nach »oben«.

Um die Wirkweise zu verstehen, wählen wir diesmal den Einstieg von »unten« her. Von unten heißt vom Gleis her. Auf dem Gleis liegt eine digitale Wechselspannung an.

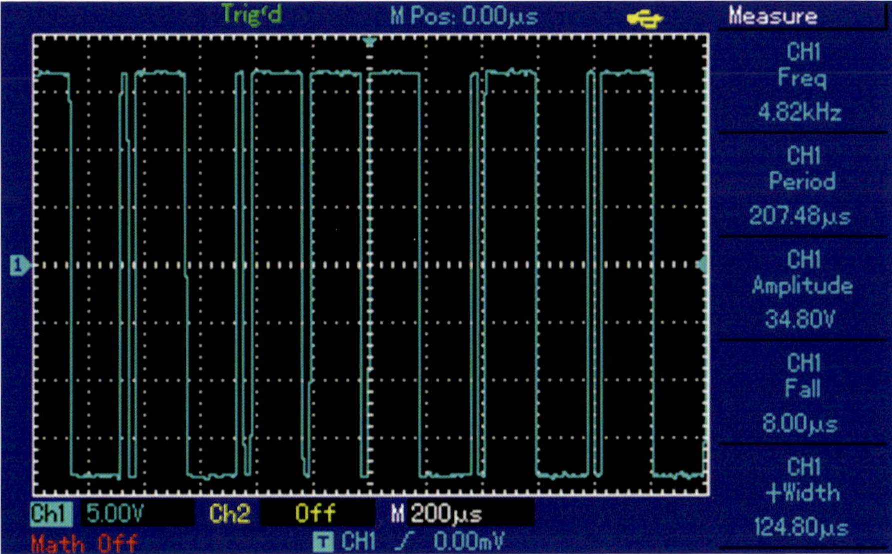

Abb. 3–17 *So sieht die Digitalspannung auf dem Gleis auf einem Oszilloskop aus.*

So wie im Bild oder so ähnlich sieht die Spannung auf dem Gleis aus und das unabhängig davon, ob eine Lok darauf steht oder nicht. Entscheidend für uns ist, dass es sich nicht um eine Gleichspannung handelt. Um herauszufinden, ob ein Stromfluss stattfindet, schauen wir uns einen Sensor noch einmal etwas genauer an.

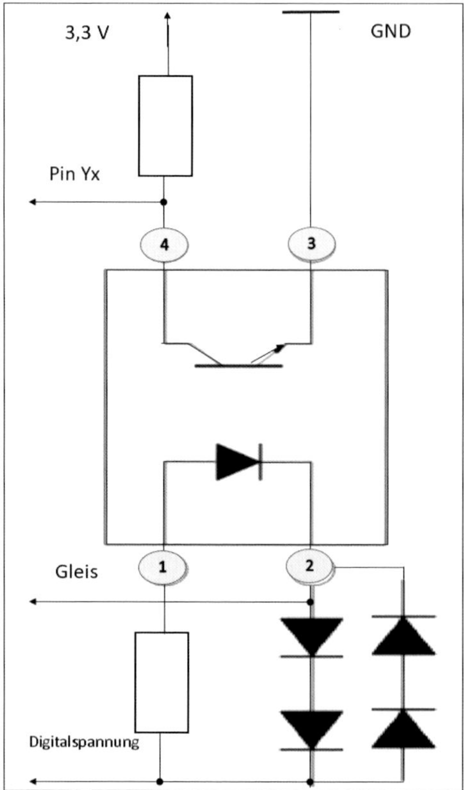

Abb. 3–18 *Zwischen Pin 1 und 2 entsteht ein Spannungsabfall, wenn eine Lok auf dem Gleis steht. Das bringt die LED im Optokoppler zum Leuchten.*

Nehmen wir mal an, dass keine Lokomotive oder anderer Verbraucher auf dem Gleis steht. Dann haben wir die Situation, dass an den Anschlüssen 1 und 2 in etwa die gleiche Spannung anliegt, nämlich so wie in Abb. 3–17 abgebildet. Nun kann die Lok kommen. Ist sie angekommen, findet ein Stromfluss über das Gleis, den Motor der Lok sowie anschließend durch die Dioden (wir sprechen über den Viererpack, noch nicht über die Diode im Optokoppler) statt und zwar immer durch zwei Dioden. Da es sich wie oben festgestellt um Wechselspannung handelt, wechseln sich die Dioden (linkes Pärchen ist in Sperrrichtung/rechtes Pärchen in Durchlassrichtung; bei Polaritätswechsel dann umgekehrt) im Stromfluss ab. Jetzt müssen wir nur noch wissen, dass die Diode kein idealer Leiter ist, sondern dass es abhängig vom Stromfluss darin einen Spannungsabfall in der Größenordnung von 0,5 Volt gibt. Das hat zur Folge, dass zwischen den Anschlüssen 1 und 2 ein Spannungsunterschied vorliegt, der die LED im Optokoppler zum Leuchten bringt. Das wiederum erhöht die Leitfähigkeit des im Optokoppler gegenüberliegenden Fototransistors. Wenn dieser Transistor sperrt, so als wäre er gar nicht da, liegen am Pin 4 die 3,3 Volt. Nun aber leitet er und zieht den Pin 4 auf Masse. Also liegen dort 0 Volt. Aber nicht ständig, da wir wie eben gesagt eine pulsierende Digitalspannung haben. Im gleichen Takt steigt und fällt auch die Spannung an Pin 4. Wenn wir den nicht ganz einfachen Sachverhalt zusammenfassen, können wir sagen, dass ohne Lok auf dem Gleis am Pin 4 gleichmäßig 3,3 Volt (= logisch HIGH) anliegt. Sobald eine Lok auf das angeschlossene Gleis fährt, wird der Transistor leitend und der Pegel am Pin 4 steigt und fällt im Takt der Digitalspannung am Gleis. Wenn wir also ohne Lok dort ständig einen HIGH-Pegel haben, so finden wir mit Lok ein Auf und Ab des Pegels vor.

Dieses Signal wird nun über den Multiplexer an das ESP32-Board geführt. Und wieder einmal ist es eine *Timer*-Funktion, die für Ordnung in diesem Informationsfluss sorgt.

```
void timer1ms() {
  static uint8_t currChannel = 0;
  if (readPin(currChannel)) {
    inputValue[currChannel]++;
  }
  msecs[currChannel]++;
  if (msecs[currChannel]>50) {
    if (inputValue[currChannel]<45) {
      if (channels[currChannel]!=isOccupied) {
        // speichern
        channels[currChannel] = isOccupied;
        process_sensor_event(currChannel);
      }
    }
    else {
      if (channels[currChannel]!=isFree) {
        // speichern
        channels[currChannel] = isFree;
        process_sensor_event(currChannel);
      }
    }
    msecs[currChannel] = 0;
    inputValue[currChannel] = 0;
  }
  currChannel++;
  if (currChannel>=cntChannels) {
    currChannel = 0;
  }
}
```

Zunächst holt eine Leseroutine *readPin* den Pegel von allen angeschlossenen Leitungen ab. Dass da der Multiplexer zwischengeschaltet ist, bemerkt man fast gar nicht. Die Routine *readPin* transportiert mit wenigen Zeilen den korrekten angeforderten Wert für einen Gleisabschnitt in das Geschehen. Immer wenn dieser Wert HIGH ist, wird ein diesem Gleis zugeordneter Wert um 1 erhöht. Nach 50 Runden erfolgt die Auswertung. Wenn alle 50 Werte HIGH ergeben, so steht keine Lok auf diesem Gleis. Ist der Wert aber kleiner als 45, so war der Fototransistor offensichtlich mehrere Male durchlässig, weil es einen Stromfluss mit den oben dargestellten Auswirkungen gab. Stromfluss heißt: Es steht eine Lok auf dem Gleis. Das war es im Prinzip schon.

Jetzt möchte der Gleisbesetztmelder sein Wissen natürlich nicht für sich behalten und gibt sofort nach Entdeckung der Lok eine Meldung ab.

```
void process_sensor_event(uint8_t channel) {
  memset(opFrame, 0, sizeof(opFrame));
  opFrame[0x01] = S88_EVENT;
  // Adresse (maximal 255), d.h. 10 Module
  opFrame[0x08] = channel+1;
  uint8_t chAdr = channel % maxCntChannels;
  // Zustand
  // alt und neu
  if (channels[chAdr]==isOccupied) {
    opFrame[0x09] = isFree;
    opFrame[0x0A] = isOccupied;
  }
  else {
    opFrame[0x09] = isOccupied;
    opFrame[0x0A] = isFree;
  }
  opFrame[0x04] = 8;
  sendCanFrame();
}
```

Wichtig ist die Erkenntnis, dass eine solche Meldung nur bei einer Zustandsänderung abgegeben wird, also Lok aus einem oder in einen Bereich gefahren. Dabei wird der betroffene Bereich oder besser Gleisabschnitt über die Variable *channel* transportiert.

Bei der Aufbereitung dieses CAN-Frames gibt es keine Besonderheiten. Die wesentlichen Sachverhalte darin haben wir bereits erläutert. Ist diese Meldung abgesetzt, so weiß auch das Steuerprogramm, wo sich die einzelnen Lokomotiven im Gleisplan befinden, und kann entsprechend agieren.

Die CANguru-Bridge

Die CANguru-Bridge geht in ihrer Komplexität über die Servos deutlich hinaus. Das macht schon die Zeilenanzahl von über 1000 Zeilen Quellcode deutlich. Das ist dadurch begründet, dass dieses Modul anders als die Servos diverse Kommunikationskanäle und -protokolle und darüber hinaus noch das kleine Display bedienen muss.

Schon wegen des Umfangs müssen wir die Sache strukturiert angehen. Wir rollen die Dinge diesmal zunächst von hinten her auf und starten unsere Betrachtung vom Programmteil *loop()* her. Hier sehen wir am besten, was dieses Programm alles leisten muss. Dabei wollen wir nicht unser Vorgehen aus den Augen verlieren, wie wir das auch bei dem Basisdecoder unternommen haben. Wir kopieren aus der Tabelle im Kapitel »Der Blick aufs Ganze« die entsprechende Spalte und schauen uns die einzelnen Einträge genauer an. Man kann allerdings schon jetzt sagen, dass die Betrachtung damit noch nicht abgeschlossen sein wird, aber es ist ein Anfang.

```
void loop() {
  stillAliveBlinking();
  espNowProc();
  proc_IP2GW();
  if (getEthStatus() == true) {
    startTelnetserver();
    proc_fromGW2CANandClnt();
    proc_fromWDP2CAN();
    proc_fromCAN2WDPandGW();
    proc_fromWebServer();
    proc_PING();
  }
}
```

Diese paar Zeilen sehen gar nicht so dramatisch aus. Hinter einigen stecken allerdings doch recht komplexe Vorgänge. Die erste Zeile *stillAliveBlinking* ist uns vom Namen her aus der Decoder-Betrachtung bekannt. Wieder geht es darum, LEDs zum Blinken zu bringen. Allerdings diesmal nicht die eigene, sondern die LEDs auf den Decodern. Im Hintergrund wird in der bekannten *Timer*-Routine periodisch die Variable *currStatus* von gerade auf ungerade umgeschaltet. Entsprechend wird eine Nachricht an die Clients gesandt, und zwar nacheinander an alle Clients. Dazu wird die Variable *no* jeweils hochgezählt, bis die Anzahl der Clients erreicht ist. Dann geht das Spiel wieder von vorne los.

Die CANguru-Bridge registriert Wifi-Sender mit dem Präfix »CNgrSLV« als eigene Clients

Hinter der Routine *espNowProc* versteckten sich die Aktivitäten für das weiter oben beschriebene Pairing der Bridge als Master mit den Decodern als dessen Slaves. Dabei wird die Hauptarbeit in der Prozedur *Scan4Slaves* geleistet. Darin werden die Decoder mit ihrer ausgestrahlten SSID zunächst nach der Größe der MAC-Adresse sortiert und dann in einer Liste insbesondere mit ihren MAC-Adressen gespeichert. Die Reihenfolge der Slaves ergibt die Ordnungsnummer.

Eine Quittung an die Clients geben

Zum Abschluss findet das Handshaking mit jedem Slave statt.

Dazu sendet die CANguru-Bridge zur Kontrolle die MAC-Adresse des betreffenden Slaves mit der ermittelten Ordnungsnummer zurück. Der Slave benötigt die Ordnungsnummer, um daraus seinen Hash-Wert zu ermitteln.

Vom CANguru-Server den Frame 0x88 empfangen und mit 0x89 antworten

Mit der Routine *proc_IP2GW* wird die Kontaktaufnahme mit dem CANguru-Server abgehandelt. Bekanntlich sendet der Server dazu einen CAN-Frame mit dem Kommando 0x88. Wird das erkannt, so weiß die Bridge, dass es sich bei dem Kommunikationspartner um den Server aus der CANguru-Familie handelt und erkennt dabei nun auch dessen IP-Adresse, die für die weitere Kommunikation benötigt wird. Die Bridge antwortet mit gesetztem *Response_bit*, also dem um eins erhöhten Kommando, das sie vom CANguru-Server empfangen hat.

Die bisherigen Aktivitäten im Programmteil *loop* werden alle nur einmalig durchlaufen. Somit könnte man meinen, sie gehören in das Setup, das definitionsgemäß für einmalige Initialisierungen vorgesehen ist. In diesem Fall ist es allerdings so, dass diese Startvorgänge von dem Status anderer Mitspieler abhängig sind. So ist es natürlich nur dann sinnvoll, mit dem CANguru-Server Kontakt aufzunehmen, wenn er bereits online ist. Deshalb muss in einer Schleife abgewartet werden, bis die Voraussetzungen dafür vorliegen. Für das Arbeiten in Schleifen ist die *loop* genau das Richtige. Alle drei bereits behandelten Routinen müssen natürlich Vorkehrung treffen, dass nicht bei jedem neuen Durchlaufen deren Aktivitäten erneut eingeleitet werden. So gibt es jeweils ein Flag, das anzeigt, ob diese Aktivität bereits abgeschlossen und nicht mehr zu starten ist.

Vergleichbar ist es mit den folgenden Routinen in der loop, allerdings mit umgekehrtem Vorzeichen. Diese Zeilen werden nur ausgeführt, wenn die UDP-Verbindung mit dem PC aufgebaut ist.

An dieser Stelle unterbrechen wir die Betrachtung der Routinen im Setup, um uns etwas dem Thema Kommunikation der CANguru-Bridge zu widmen.

Die Kommunikation der CANguru-Bridge

Wir beginnen unsere Betrachtung hierfür ganz vorne, denn der Einstieg im *Setup* ist umfangreich. Wir erkennen darin mit den Decodern vergleichbare Routinen wie etwa die Initialisierung des ESP-NOW und auch neue Sachverhalte wie den Start des Displays. Großen Raum nehmen aber die Initialisierungen diverser Kommunikationskanäle wie CAN, Telnet und UDP ein. Darüber hinaus gibt es einen Web-Server.

Zum *UDP* (User Datagram Protocol) gibt es noch einiges zu berichten. Dieses Netzwerkprotokoll arbeitet mit sogenannten Ports bzw. schickt seine Daten von einem Port eines Rechners zum Port eines anderen Rechners. In unserem Fall sind die beiden Rechner die Bridge auf der einen und der Windows-PC auf der anderen Seite. Konkret heißt das, dass die Bridge nicht einfach Daten zum PC schickt, denn der könnte vermutlich gar nichts damit anfangen, sondern an einen bestimmten Port. Dieser Port ist nicht wie man möglicherweise vermuten könnte eine Hardware (das gibt es anderswo auch), sondern eine Software. Das sind in unserem Fall wiederum Win-DigiPet sowie der CANguru-Server. Die Ports, die bei der Kommunikation mit Win-DigiPet zum Einsatz kommen, sind ebenfalls durch Märklin bereits festgelegt. Wir benutzen in der Bridge die folgenden Ports:

```
const unsigned int localPortDelta = 2;
// local port to send on
const unsigned int localPortoutWDP = 15730;
// local port to listen on
const unsigned int localPortinWDP = 15731;
const unsigned int localPortoutGW
                 = localPortoutWDP+localPortDelta;
const unsigned int localPortinGW
                 = localPortinWDP+localPortDelta;
```

Man sieht, dass insgesamt vier solcher Ports definiert wurden. Da wir zwei Programme bzw. Kommunikationskanäle miteinander verbinden wollen, liegt die Vermutung nahe, dass pro Kanal zwei Ports benutzt werden. Jeder Kanal besteht natürlich aus einem Anfang und einem Ende bzw. einem Sender und einem Empfänger. Das folgende Bild ordnet die verwendeten Ports den Programmen zu.

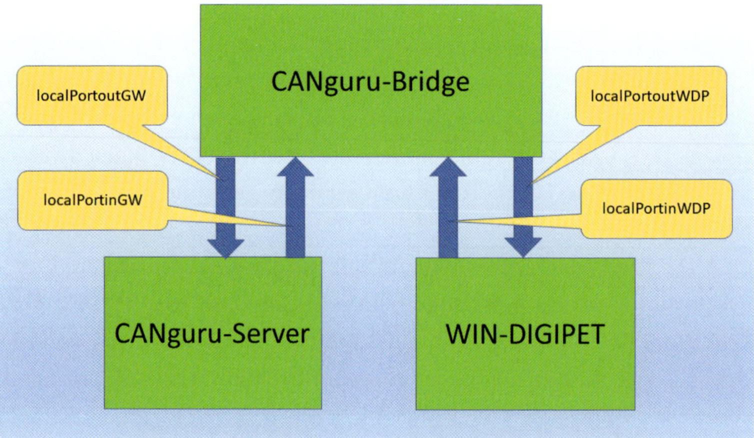

Abb. 3–19 *Die Zuordnung der Portnummer im CANguru-System*

Die fest vorgegebenen Adressen sind dem Kanal zwischen Bridge und Win-DigiPet zugeordnet. Unsere Adressen zum CANguru-Server (hier mit GW für Gateway abgekürzt) wurden mit einem Delta von 2 zu den festen Adressen festgelegt. Damit die Kommunikation funktioniert, müssen diese Adressen natürlich den Gegenstellen auch bekannt sein. Über diese Verbindungen laufen alle in CAN-Frames formatierten Meldungen zwischen den beteiligten Stellen ab.

Dazu benutzen wir die Routine *sendOutUDP*.

```
void sendOutUDP(outUDP udp, uint8_t *buffer) {
  switch (udp){
  case  GW:
        UdpOUTGW.beginPacket(telnetClient.getipBroadcast(),
                                 localPortoutGW);
        UdpOUTGW.write(buffer,CAN_ENCAP_SIZE);
        UdpOUTGW.endPacket();
        printCANFrame (buffer, toGW);
   break;
  case  WDP:
        UdpOUTWDP.beginPacket(telnetClient.getipBroadcast(),
                                 localPortoutWDP);
        UdpOUTWDP.write(buffer, CAN_ENCAP_SIZE);
        UdpOUTWDP.endPacket();
        printCANFrame (buffer, toWDP);
    break;
  case  Clnt:
    switch (buffer[0x01]) {
      case CONFIG_Status:
        send2OneClient(buffer);
      break;
```

```
      case SYS_CMD:
        if (buffer[0x09]==SYS_STAT) {
          send2OneClient(buffer);
        }
        else {
          send2AllClients(buffer);
        }
      break;
      // send to all
      default:
        send2AllClients(buffer);
      break;
    }
    printCANFrame(buffer, toClnt);
    break;
  }
}
```

Mit dem Parameter udp wird bestimmt, zu welchem Kanal die Daten aus dem *buffer* geroutet werden sollen. Es stehen natürlich der CANguru-Server, Win-DigiPet und auch die Decoder (Clnt für Clients) zur Verfügung. Die beiden ersten werden mit UDP bedient. Alles, was für die Decoder bestimmt ist, läuft zu den Prozeduren *send2OneClient* bzw. *send2AllClients*. Das sind die Programmteile, die die Daten über ESP-NOW an einen bestimmten Decoder oder an alle verschicken. Alle Frames unabhängig von ihrem Ziel werden an die Prozedur *printCANFrame* geleitet. Dort werden sie aufbereitet und an den Server geschickt, der sie dann in seinem Ausgabefenster anzeigt. Diese Übertragung findet per Telnet statt.

Telnet ist ein Protokoll, mit dem wir Zugriff auf einen anderen entfernten Computer oder eine Netzwerkkomponente erhalten. Der entfernte Rechner ist bei uns natürlich der CANguru-Server. Wir benutzen Telnet ausschließlich, um die Frames beim Server darzustellen. Dabei wird hierfür analog zu UDP auch ein Port, nämlich Port 23, verwendet.

Doch damit nicht genug. Für eine weitere Kommunikationsline muss noch ein *Web-Server* aufgebaut werden. Das haben wir uns nicht ausgedacht, sondern ist durch Win-DigiPet so vorgegeben. Beim Verbindungsaufbau mit unserem Steuerungsprogramm erwartet Win-DigiPet die Übergabe der Informationen über die eingesetzten Lokomotiven genau mit diesem Mechanismus.

Ein wichtiger Kommunikationskanal wird mit den Zeilen

```
if (!CAN.begin(250E3)) {
  displ->println(F("Starting CAN failed!"));
  displ->display();
  while (1);
}
```

```
else {
  displ->println(F("Starting CAN was successful!"));
  displ->display();
}
```

eröffnet. Die Geschwindigkeit auf dem CAN-Bus wird mit 250 KBaud festgelegt.

An diesen Zeilen können wir auch sehen, wie Texte auf dem Display ausgegeben werden. Die darzustellenden Strings müssen mit dem Makro *F()* eingeklammert werden. Um die Darstellung auf dem Display tatsächlich zu bewirken, müssen wir noch die Routine *display()* nachschieben.

Wenn wir etwas tiefer in den Quelltext des Programms CANguru-Bridge eindringen, finden wir für alle verwendeten Kommunikationskanäle eigene Routinen, die stets noch Sonderbehandlungen beinhalten. Diese Routinen sind in der folgenden Abbildung dargestellt.

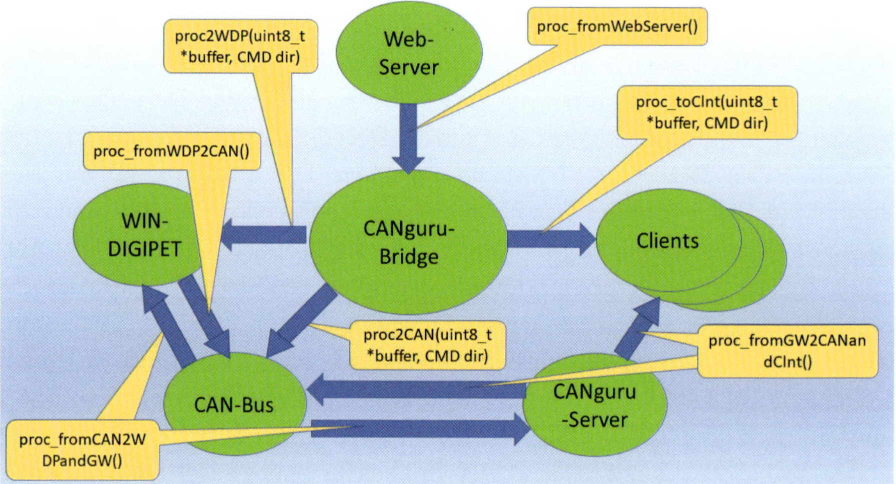

Abb. 3–20 *Im CANguru-System findet eine vielfältige Kommunikation statt.*

Das Bild vermittelt auch einen Eindruck von der Vielfältigkeit der Kommunikation, die von der Bridge ausgeht und in sie hineinläuft.

Soweit der Ausflug und die Betrachtung der Kommunikation in der CANguru-Bridge. Wenden wir uns nun wieder den Prozeduren aus dem »Blick aufs Ganze« zu.

Die CANguru-Bridge meldet sich über Telnet im Ausgabefenster des CANguru-Servers

Auf der Basis der jetzt bestehenden UDP-Verbindung mit dem CANguru-Server kann nun die Telnet-Kommunikation aufgebaut werden.

Die folgenden Aktivitäten finden alle in der Routine *startTelnetserver* statt.

```
void startTelnetserver() {
  if (telnetClient.getTelnetHasConnected() == false) {
    if (telnetClient.startTelnetSrv()) {
      receiveLocFile();
      if (locofileread)
        telnetClient.printTelnet(true,
                                 "Read lokomotive.cs2");
      else
        telnetClient.printTelnet(true,
                                 "Unabl e to read lokomotive.cs2");
      telnetClient.printTelnet(true, "");
      send_start_60113_frames();
      // erstes PING soll schnell kommen
      secs = wait_for_ping;
      onetTimePINGatStart = 0;
      set_time4Scanning(true);
    }
  }
}
```

Auch hier ist es wieder wie bei den ersten Routinen im *Setup* so, dass ein Flag, hier in Form der Funktion *telnetClient.getTelnetHasConnected()*, angibt, ob diese Prozedur erneut vollständig durchlaufen werden muss. Anschließend folgt die eigentliche Telnet-Startprozedur mit *telnetClient.startTelnetSrv()*. Ist die Verbindungsaufnahme mit dem CANguru-Server erfolgreich, wird eine erste Statusmeldung dorthin geleitet. Im Ausgabefenster des Servers sehen wir die folgende Meldung:

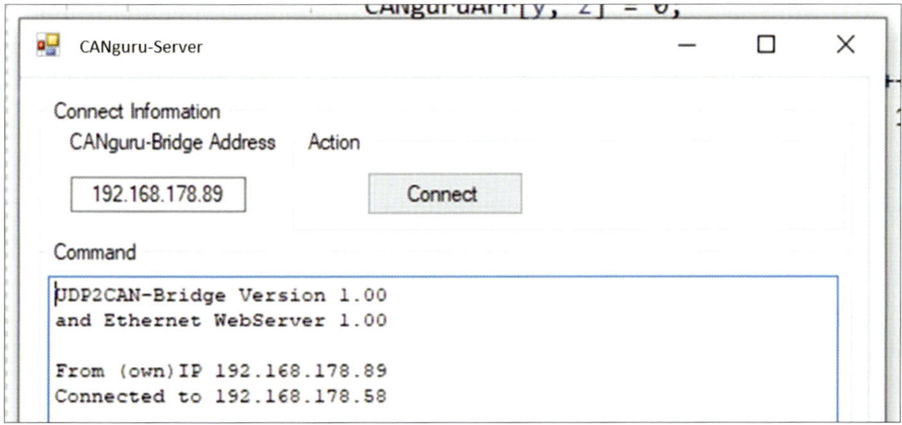

Abb. 3–21 *Die erste Meldung der CANguru-Bridge, wenn die Verbindung zum CANguru-Server zustande gekommen ist.*

Wichtig ist dabei die IP-Adresse, die im Kopf unter *CANguru-Bridge Address* im Kasten steht. Diese lautet hier 192.168.178.89. Sie kann natürlich auf Ihrer Anlage ganz anders aussehen. Diese Adresse ist für Win-DigiPet ganz wichtig. Sie muss dort bekannt sein, um mit der Bridge kommunizieren zu können.

Die CANguru-Bridge empfängt die Datei »lokomotive.cs2« vom CANguru-Server

Die Routine *receiveLocFile()* empfängt die Lokomotivdaten, die auf dem PC im Verzeichnis »C:\CANguru« liegen. Sie befinden sich dauerhaft auf dem PC und nicht auf der Bridge, weil sie auf dem PC bearbeitet werden. Nutzer der Daten ist Win-DigiPet. Natürlich wäre es wünschenswert, die beiden Programme auf dem PC, also Win-DigiPet, und CANguru-Server direkt zu koppeln. Das würde das ein oder andere vereinfachen. Leider existiert eine solche Verbindung nicht, so dass der Weg über die Bridge notwendig wird. Die Übertragungsprozedur der Daten aus »lokomotive.cs2« ist nicht trivial. Im Endeffekt landen die Daten in einem dynamisch ergänzten Array, auf das der Pointer *locofile* zeigt. Dort liegen sie und warten darauf, dass sie beim Start von Win-DigiPet über den Web-Server per http dorthin übertragen werden.

Die CANguru-Bridge startet die Gleisbox

Wenn die Gleisbox an die Spannungsversorgung angeschlossen wird, gibt sie noch keine Digitalspannung ab. Das geschieht erst, wenn sie von der CANguru-Bridge eingeschaltet wird. Dafür ist die Prozedur *send_start_60113_frames()* zuständig. Mit *set_time4Scanning(true)* wird den ESP-NOW-Prozeduren signalisiert, dass die Suche nach Clients jetzt beginnen kann. Der Prozess, der dazu abläuft, ist in dem Abschnitt »Die CANguru-Bridge registriert Wifi-Sender mit dem Präfix ›CNgrSLV‹ als eigene Clients« bereits beschrieben worden.

Wir kommen nun wieder zurück zum Ausgangspunkt der Betrachtung. Wir haben uns die Zeilen im Programmteil *loop* angeschaut und sind dort bis zur Zeile *startTelnetserver()* gekommen. Die weiteren vier Zeilen sind uns aus dem Abschnitt »Die Kommunikation der CANguru-Bridge« sowie von Bild 3–20 bereits bekannt. Es sind die Kommunikationsroutinen, die wir dort kennengelernt haben. Alle diese Routinen haben eines gemein. Im Wesentlichen warten sie. Sie warten, dass eine Kommunikation auf ihrem Kanal startet, um sie dann entsprechend zu behandeln.

Die CANguru-Bridge sendet einen PING an die Decoder

Aber da haben wir noch die letzte Zeile mit der Routine *proc_PING()*. Sie sorgt dafür, dass alle paar Sekunden auf allen Kanälen ein PING-Befehl abgesetzt wird.

Der signalisiert Win-DigiPet sowie der Gleisbox, dass alle noch da und arbeitsbereit sind. Etwas anders verhält es sich beim ersten Aufruf. Dann ist die Wartezeit nicht 12 Sekunden zum PING, sondern null, also sofort. Dieser PING dient dem CANguru-Server dazu, alle Clients kennenzulernen. Entsprechende Ausführungen erhielten Sie bereits bei der Beschreibung der Decoder.

Der CANguru-Server verfolgt die Übertragung der Konfigurationsdaten

Bei der Beschreibung der Decoder wurde auch erwähnt, dass der CANguru-Server die Meldung der Decoder nutzt, um daraus eine Decoder-Liste aufzubauen. Damit werden anschließend Angaben über alle Decoder abgefragt.

Wenn alle Decoder sich gemeldet haben, kommt die Meldung »Start WDP«

Während die Decoder ihre Konfigurationsdaten melden, hört die Bridge ganz genau zu. Denn sie besitzt wie dargestellt ebenfalls eine Decoder-Liste, auf der nun abgehakt wird, ob sich bereits alle gemeldet haben. Ist die Anzahl der Meldungen gleich der Decoder-Anzahl, gibt die Bridge die Meldung »Start WDP« an den CANguru-Server, die dann in dessen Ausgabefenster erscheint.

Zusammenfassung

Die CANguru-Bridge ist ein recht komplexes Gebilde. Sie hat insbesondere die Aufgabe, die Vielzahl der Meldungs- und Datenströme zu kanalisieren.

Der CANguru-Server

Der CANguru-Server kommt aus einer anderen Welt. Das bedeutet, dass er mit anderen Werkzeugen als die Decoder oder die CANguru-Bridge aufgebaut ist. Er wurde in C# in Visual Studio 2019, einer Microsoft-Entwicklungsumgebung, entwickelt und kann an Komplexität durchaus mit der CANguru-Bridge mithalten. Diese Programme haben eine andere Struktur als die aus der Arduino-Umgebung, also kein Setup oder loop. Das soll uns im Moment aber nicht stören.

Wenn wir jetzt genauso wie bei den Decodern und der CANguru-Bridge vorgehen und die Spalte CANguru-Server aus dem Abschnitt »Der Blick aufs Ganze« kommentieren, ist damit seine Funktionalität noch nicht beschrieben. Dennoch beginnen wir mal damit.

Der CANguru-Server sendet einen CAN-Frame mit Cmd 0x88

Alles beginnt damit, dass der Nutzer auf den »Connect«-Button klickt. In dieser Programmierwelt ist es so, dass es zu jedem der Oberflächenelemente, wie Knöpfe, Listboxes o.Ä., eine zugehörige Prozedur gibt, die immer dann aufgerufen wird, wenn der Nutzer dieses Element bedient. So verhält es sich auch bei Connect. Dies löst die Routine *onConnectClick(object sender, EventArgs e)* aus, worauf der *scanCANguruBridge()*-Prozess startet und das bereits bekannte 0x88-Kommando mit einer Broadcastadresse aussendet. Auf diese Adresse sprechen zunächst alle Netzteilnehmer an. Allerdings wird nur einer wie erwartet antworten, nämlich mit einem CAN-Frame mit dem Kommando 0x88 und gesetztem Response bit (=0x89).

Der CANguru-Server trägt die IP-Adresse der CANguru-Bridge in das Feld oben links ein

Diese Antwort kommt aber nicht in dieser Prozedur an, sondern an anderer Stelle. Mittelpunkt der gesamten Kommunikation mit der Bridge ist ein Threat, den wir mal *fromCAN2UDP()* nennen wollen. Alle Informationen, die von der Bridge an den Eingangsport der UDP-Kommunikation geschickt werden, landen hier. Um die eingehenden Frames auszuwerten, ist diese Routine als große Verzweigung in Form eines switch-Konstrukts aufgebaut. Damit wird jeweils das Kommando herausgefiltert und es dient dann als Diskriminante. So auch 0x89. Die Antwort der Bridge wird ausgewertet und daraus wird deren IP-Adresse gewonnen. Genau diese Adresse wird nun im Kopf des Dialogfensters dieser Anwendung angezeigt.

Der CANguru-Server empfängt die PING-Antworten der Decoder

So wie eben die 0x89-Antwort der Bridge abgefangen und ausgewertet wurde, geschieht dies auch mit den PING-Antworten, die die Decoder ganz zu Anfang des Startprozesses abgeben. Die entsprechende Routine finden wir im case 0x31-Abschnitt.

Der CANguru-Server baut eine Liste der Decoder auf

Damit baut der Server die bereits erwähnte Decoder-Liste auf, die wir *CANguru-PINGArr* nennen wollen. Dabei wird darauf geachtet, dass die Obergrenze von 20 CANgurus nicht überschritten wird und dass es sich bei den Meldern tatsächlich um CANgurus handelt. Das Programm erkennt das an den Kennern (letztes Byte dieses CAN-Frames), die zwischen 0x4F und 0x5F liegen müssen.

Der CANguru-Server ruft nacheinander alle Decoder aus der Liste auf und fordert ihre Konfigurationsdaten an

Auf Grundlage dieser Liste initiiert die Routine *getConfigData(CANguruArrWorked, CANguruArrIndex)* nun die Abfrage von weiteren Angaben über die Decoder mit dem Kommando 0x3A. Dies sind deren Name, die Anzahl der Parameter sowie deren Ober- und Untergrenze. Dies alles wird im *case 0x3B* abgefangen und im Array *CANguruConfigArr* für später gespeichert.

Ist dies alles so abgelaufen, gehen der CANguru-Server wie auch die Bridge und die Decoder in eine Warteposition über. Diese Ruhe kann nun durch diverse Zwischenfälle gestört werden, beispielsweise durch Meldungen, die über den Telnetport eingehen und dann im Ausgabefenster darzustellen sind. Genauso kann der Nutzer auf den Konfigurationsknopf klicken und damit das Ausgabefenster gegen eine Liste der Decoder mit Parameterdaten tauschen.

Die Konfigurationsdaten ändern

Wie schon beim »Connect«-Button ist es auch hier so, dass seine zugehörige Prozedur aufgerufen wird, die das weitere Vorgehen steuert. Nennen wir sie *TabControl1_SelectedIndexChanged_1(object sender, EventArgs e)*. Doch dann geht das Spielchen genau so weiter, denn hier wird lediglich das erste Element aus der Decoder-Liste selektiert. Das wiederum hat zur Folge, dass eine weitere Routine aufgerufen wird, die dann endlich die Prozedur *showConfigData(byte arrWorked, byte arrIndex)* nutzt, um die eigentlichen Parameterwerte abzurufen. Diese Daten werden in dynamisch erzeugte Steuerelemente eingetragen, die dann der Nutzer ändern kann.

mfx-Lokomotiven erkennen

Bei der Zusammenarbeit mit mfx-Lokomotiven müssen wir Win-DigiPet etwas unterstützen. Wir müssen die charakteristischen Daten, die der Lok-Decoder uns zur Verfügung stellt, in die Datei »lokomotive.cs2« einbringen und dann auf dem inzwischen beschriebenen Weg an Win-DigiPet herantragen.

Dieser Prozess kann auf zwei Wegen gestartet werden. Der erste sieht einfach so aus, dass wir eine mfx-Lok auf die Gleise stellen. Die Gleisbox bemerkt das und startet eine Erkennungsprozedur. Das wiederum bemerkt auch die CANguru-Bridge und lauscht. Die dabei gewonnenen Daten überträgt die Bridge an den CANguru-Server, der dies mit einer Messagebox signalisiert. Gleichzeitig ergänzt er die Datei »lokomotive.cs2«.

Sollte dieser Prozess aus irgendeinem Grund nicht von selbst starten, kann er mit dem Button »Mfx-Discovery« gestartet werden.

4 Wenn die Bahn fertig aufgebaut ist

Eine Art Bedienungsanleitung für uns Spielkinder

Im Folgenden werden die wesentlichen Komponenten des Systems im Einzelnen beschrieben, und zwar mit Schwerpunkt auf dem Handlungsablauf und damit allem, was der Nutzer wissen sollte. Das Kapitel setzt voraus, dass die Anlage mit den Hinweisen aus dem »Bastler-Kapitel« aufgebaut und betriebsbereit ist. Das vorangegangene Kapitel für den Entwickler müssen Sie nicht unbedingt genossen haben.

Dies ist also eine Systembeschreibung und sie stellt den Informationsfluss eines Steuerbefehls dar, der vom Nutzer eingegeben wurde, bis zu der Komponente, die diesen Befehl tatsächlich ausführt. Dies ist auch für den Nutzer wichtig, damit er ein Verständnis für das Zusammenspiel der einzelnen Akteure entwickelt und auch bei einem Störungsfall weiß, wo er nach dem Verursacher suchen muss.

PC-Komponenten

Ganz ohne den PC kommt man meist nicht aus, wenn man sich eine komfortable Steuerung der Modellbahn vorgenommen hat. Es sind zwei Komponenten, die hier eine Rolle spielen: die Steuersoftware sowie der CANguru-Server. Zunächst soll die Steuersoftware als das Nutzerinterface der Anlage beschrieben werden.

Steuersoftware

Die Steuersoftware läuft auf einem PC und kontrolliert das gesamte System. Sie hat Kenntnis über den Gleisaufbau, die Züge bzw. die Lokomotiven und deren Standort und Geschwindigkeit. Die Software ist damit in der Lage, einen einmal programmierten Ablauf zu wiederholen. Da sie den Gleisaufbau und über die

Rückmeldungen aller Decoder die Standorte der Loks, die Stellung der Weichen und Signale kennt, kann sie alternativ auch zufallsgesteuerte Abläufe gestalten. Natürlich kann man Züge auch einfach spontan so fahren lassen.

In einer reinen Märklin-Konfiguration steht an dieser Stelle beispielsweise eine Märklin Central Station (1, 2 oder 3). Diese Komponente läuft nicht auf einem PC, sondern besteht aus einer speziellen Hardware mit einem darauf abgestimmten integrierten Steuerungsprogramm. Die Central Station (CS) erledigt die Aufgabe der Steuerung wie auch die Erzeugung des Digitalstroms, mit dem in der Märklin-Welt die Lokomotiven, Weichen und Signale gesteuert werden. Auch die Rückmeldeleitungen sind daran angeschlossen.

Wie bereits angedeutet, wollen wir mit unserem Ansatz einen etwas anderen Weg beschreiten. Deshalb setzen wir für die Steuerung das Programm Win-DigiPet oder kurz WDP ein. WDP ist ein käufliches Programm, das in mehreren Leistungsstufen angeboten wird. Es gibt auch eine Demo-Version, die naturgemäß im Leistungsumfang eingeschränkt, für die ersten Gehversuche aber durchaus ausreichend ist. Dieses Programm erzeugt im Gegensatz zur CS natürlich keinen Digitalstrom. Das ist aber auch nicht schlimm, da wir Weichen, Signale und auch die Rückmeldungen auf anderem Wege ansteuern wollen.

Doch bleiben wir zunächst bei WDP.

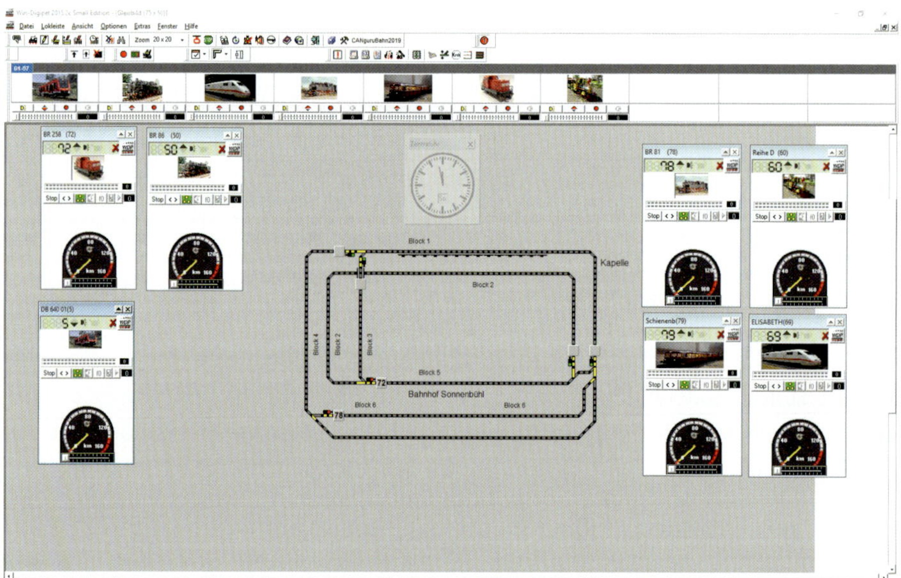

Abb. 4–1 *Das Cockpit des Steuerungsprogrammes Win-DigiPet*

So wie abgebildet wird später unsere Anlage in diesem Programm dargestellt sein. In der Mitte erkennt man den stilisierten Gleisverlauf, links und rechts davon sind die Bedienelemente der Lokomotiven platziert.

Wenn dieses Programm auf Nutzeranweisung oder in Folge eines automatisierten Verlaufs einen Befehl absetzt, so wird dieser über das LAN an die IP-Adresse der CANguru-Bridge versendet. Diese Komponente ist zunächst der Empfänger aller Nachrichten, die von den PC-Komponenten ausgehen. Von dort werden sie an die Endempfänger weiterverteilt.

Übrigens funktioniert das System auch mit anderen Steuerprogrammen als WDP. So kann ebenso eine Mobile Station 2 als Interface zur Steuerung eingesetzt werden. Allerdings muss man dann auf das komfortable Interface von WDP verzichten.

Ansonsten ist es eine Geschmacksfrage, welches Programm für die Steuerung der Abläufe eingesetzt wird.

Beim ersten Start müssen Sie diverse Einstellungen vornehmen. Die meisten werden im Zusammenhang mit den zugehörigen Decodern erläutert. Eine soll an dieser Stelle aber bereits erwähnt werden. Rufen Sie dazu die Systemeinstellungen auf. Dort tragen Sie unter dem Reiter *Digitalsystem* als Digitalsystemtyp die Märklin Central Station 2 ein und direkt darunter die IP-Adresse der CANguru-Bridge. Die wird Ihnen kurz nach deren Start auf deren Display angezeigt. Nachdem Sie die Daten eingetragen haben, klicken Sie auf *Speichern & Schließen*. Anschließend müssen Sie Win-DigiPet neu starten.

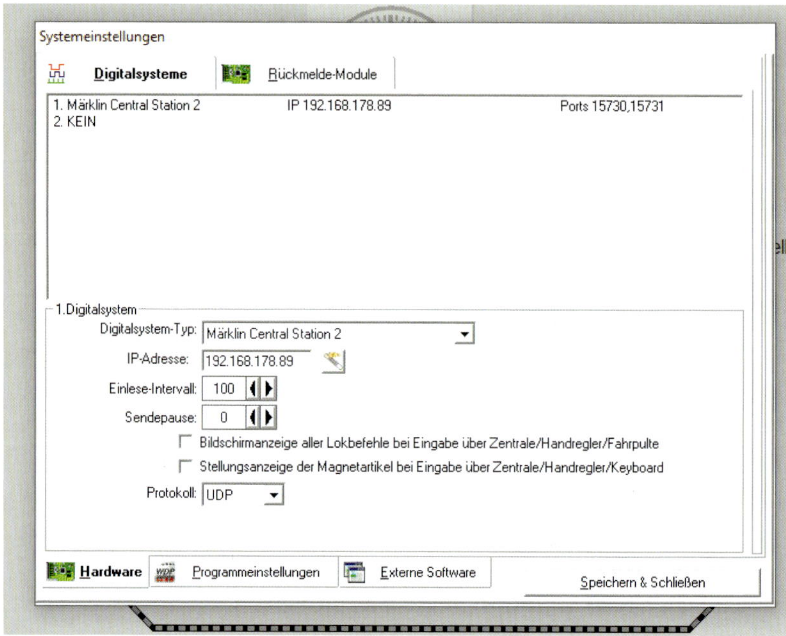

Abb. 4–2 *Beim ersten Start von Win-DigiPet muss dem Programm die IP-Adresse der CANguru-Bridge in den Systemeinstellungen mitgeteilt werden.*

Wenn Sie das Programm Win-DigiPet erwerben, erhalten Sie eine umfangreiche Dokumentation, die sehr detailliert die Programmabläufe schildert. Insofern können wir uns hier kurzfassen. Allerdings werden wir etwas später noch mehrere Male auf das Programm zurückkommen, wenn es um spezifische Einstellungen für unsere Anlage geht.

Der CANguru-Server

Der CANguru-Server ist die zweite PC-Komponente. Wie wir sehen werden, erledigt sie diverse Aufgaben.

Zunächst bildet sie das erweiterte Interface der CANguru-Bridge. Dazu gehört die Darstellung der gesamten Kommunikation zwischen den beteiligten Komponenten. Und das ist nicht wenig. Insbesondere zu Beginn der Systeminitialisierung, wenn also WDP noch nicht den gesamten Bildschirm ausfüllt und der CANguru-Server noch im Vordergrund läuft, kann man dies eindrucksvoll beobachten. Diese Informationsübertragung findet vollständig im CAN-Format statt, so dass es sinnvoll ist, sich damit etwas näher zu beschäftigen. Dazu gibt es in einem Kapitel im Entwicklerteil einen eigenen Abschnitt.

Start der CANguru-Bridge

Die Oberfläche des CANguru-Servers enthält einige Schaltflächen, der größte Teil ist aber nach dessen Start durch einen leeren Kasten ausgefüllt, in dem später die bereits angesprochene Kommunikation dargestellt wird. Damit es damit losgehen kann, muss nun die Verbindung zwischen diesem Server und der zugehörigen Bridge gestartet werden. Dazu gibt es die Schaltfläche »Connect«. Nach deren Betätigung meldet sich die Bridge.

Und nicht nur diese. Denn dies war für die Bridge die Aufforderung, einen Aufruf (»PING«) an alle Decoder zu schicken, die sich nun nacheinander melden.

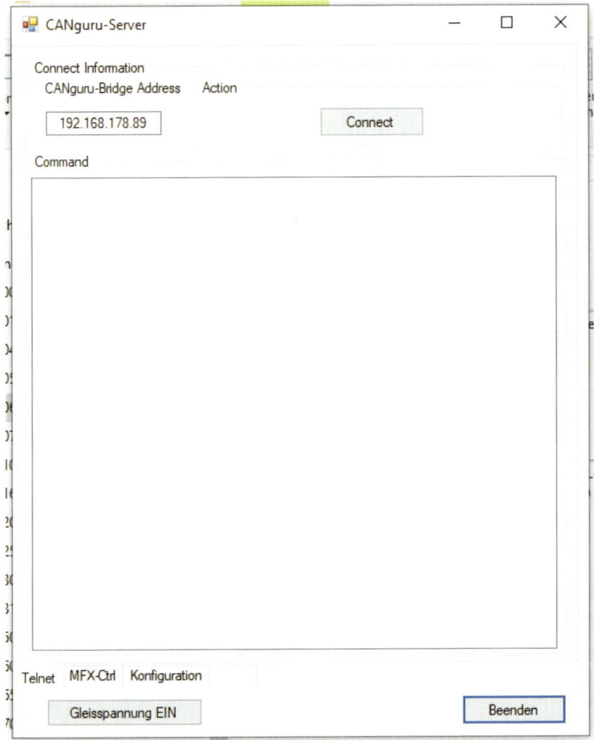

Abb. 4–3 *Zur Verbindungsaufnahme zwischen der CANguru-Bridge und dem Server müssen Sie den Connect-Knopf anklicken.*

Zunächst gibt es aber einen Statusbericht der Bridge selbst. Darin sind enthalten die IP-Adresse der Bridge und die des PC, an den sie angeschlossen ist. Weiterhin gibt sie bekannt, dass die Datei »lokomotive.cs2« erfolgreich gelesen wurde. Darin sind die Daten der aktiven Lokomotiven enthalten, die später von Win-DigiPet benötigt werden.

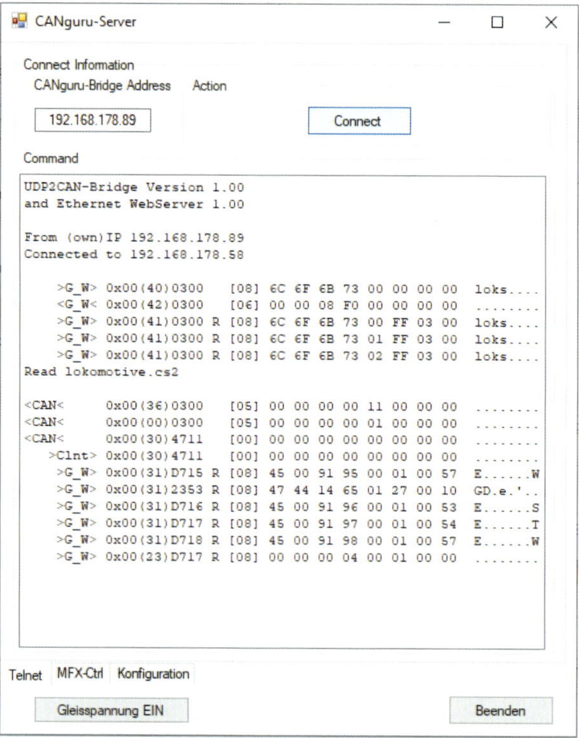

Abb. 4–4 *Die ersten Meldungen der CANguru-Bridge*

Der erwähnte PING-Befehl erscheint in der Abbildung in der achten Zeile von unten. Man erkennt ihn an der hexadezimalen 30. Alle Zeichen in einer Klammer stehen für Kommandos in diesem CAN-Frame. Die Zeichen links von der 0x00 geben an, wer hier was an wen geschickt hat. Man muss sich die Bridge quasi als Mittelpunkt vorstellen. Darunter sind die CAN-Empfänger, die direkt über einen physikalischen CAN-Bus angeschlossen sind. In unserem Fall ist das nur die Märklin-Gleisbox. Darüber sind die Decoder, als Clnt (Client) bezeichnet, sowie das G_W (Gateway, das ist der CANguru-Server) und WDP (Win-DigiPet). Die Haken > bzw. < geben die Richtung des Informationsflusses an. Der PING wird also an die Gleisbox und die Decoder geschickt. Daraufhin melden sich alle ganz brav. Die Decoder sind erkennbar an den vier Zeichen hinter dem PING-Befehl. Sie sind fortlaufend nummeriert, haben aber alle einen gleichen Beginn, nämlich hexadezimal D7; der erste Decoder D715, der nächste D716 usw. Zwischendrin befindet sich dann die Gleisbox mit 2353. Die Nummer der Gleisbox wird von Ihren Werten abweichen, da diese Nummern einzigartig sind.

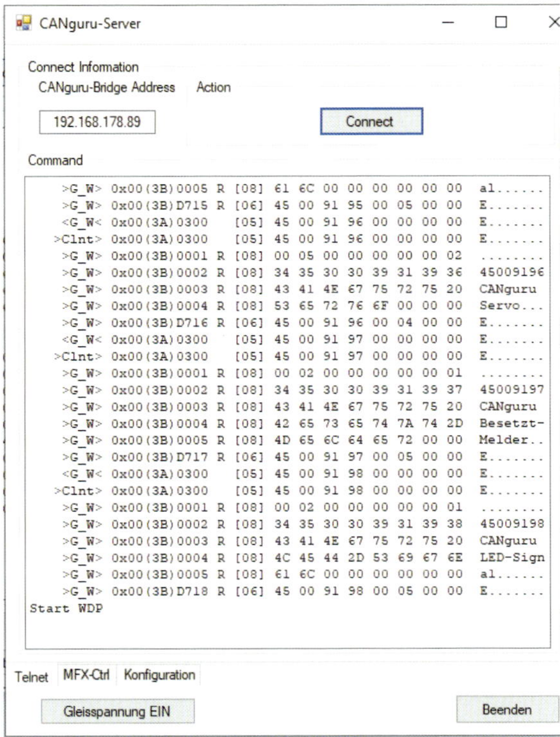

Abb. 4–5 *Das CANguru-System ist initialisiert. Win-DigiPet kann gestartet werden.*

Nun sind dem CANguru-Server alle Decoder bekannt. Äußerlich ist das auch daran festzustellen, dass die Decoder der Reihe nach aufblitzen. Falls aus irgendeinem nicht nachvollziehbaren Grund dies nicht passiert, wiederholen Sie den Vorgang. Wenn alles korrekt abgelaufen ist, ruft der CANguru-Server anschließend wiederum alle dazu auf, weitere Informationen von sich bekanntzugeben. Das ist notwendig, weil der Server in die Lage versetzt werden muss, die Parameter der CANguru-Decoder, wie Adressen und Ähnliches, anzeigen und ändern zu können.

Dazu erfahren Sie gleich mehr.

Start von Win-DigiPet

Entscheidend ist nun der letzte Eintrag: »Start WDP«. WDP steht für unser Steuerprogramm Win-DigiPet. Diese Meldung bedeutet, dass der Server alle notwendigen Vorbereitungen getroffen hat, um mit dem Steuerprogramm zu kommunizieren. Nun können Sie also Win-DigiPet starten.

Konfiguration der Decoder

Wenn allerdings durch den Nutzer noch Änderungen an den Decodern durchzuführen sind, dann ist das jetzt der richtige Moment. Dazu gibt es neben der Registerkarte »Telnet«, die zum Start immer oben liegt, eine weitere mit der Bezeichnung »Konfiguration«. Wenn Sie darauf klicken, wird eine Liste der angeschlossenen Decoder angezeigt. Der erste Eintrag ist markiert. Unterhalb der Liste werden dessen Parameter angezeigt, die sich nach den eigenen Bedürfnissen anpassen lassen.

Weiter oben wurde darauf hingewiesen, dass die Decoder bei erfolgreicher Registrierung beim CANguru-Server periodisch aufblitzen. Dies reicht aber nicht, um dem Nutzer anzuzeigen, bei welchem Decoder aktuell eine Datenänderung stattfindet. Deshalb wird gerade bei diesem ausgewählten Decoder das Blitzen für ca. 2 Sekunden auf Dauerfeuer gestellt. Das ist insbesondere dann von Nutzen, wenn Sie beispielsweise zwei Weichendecoder haben und nun natürlich wissen wollen, welchen davon Sie gerade bearbeiten.

Bei dieser Einrichtung sind Grenzen, also Maximal- bzw. Minimalwerte, zu beachten. Ganz wichtig an dieser Stelle ist, dass Änderungen nur gespeichert werden, wenn ein anderer Decoder in der Liste angeklickt wird. Falls Sie nur einen Decoder im System haben, reicht es, diesen erneut anzuklicken. In diesem Moment schreibt der Server die Werte zurück zum Decoder, der diese Werte wiederum dauerhaft speichert. Weitere Einzelheiten dazu, also welche Werte können mit welchen Grenzwerten verändert werden, werden bei der Besprechung der Decoder erläutert.

Verwaltung des Lokbestands

Es gibt noch eine dritte Registerkarte mit der Bezeichnung »mfx-Ctrl«. Hier geht es natürlich um die Registrierung von Lokomotiven, die auf das mfx-Protokoll gehorchen. Der Vollständigkeit halber muss allerdings ergänzt werden, dass es hier um alle Loks geht, also auch mit mm-Protokoll (mm = Märklin Motorola). Wozu dient das Ganze? Win-DigiPet erwartet beim Start eine Liste, die alle verwendeten Loks enthält. Dies ist die bereits erwähnte »lokomotive.cs2«, die beim Start des CANguru-Servers geladen wurde. Diese Liste wird vom Server im Verzeichnis »C:\CANguru« abgelegt und muss nur bei Änderungen am Lokbestand angefasst werden.

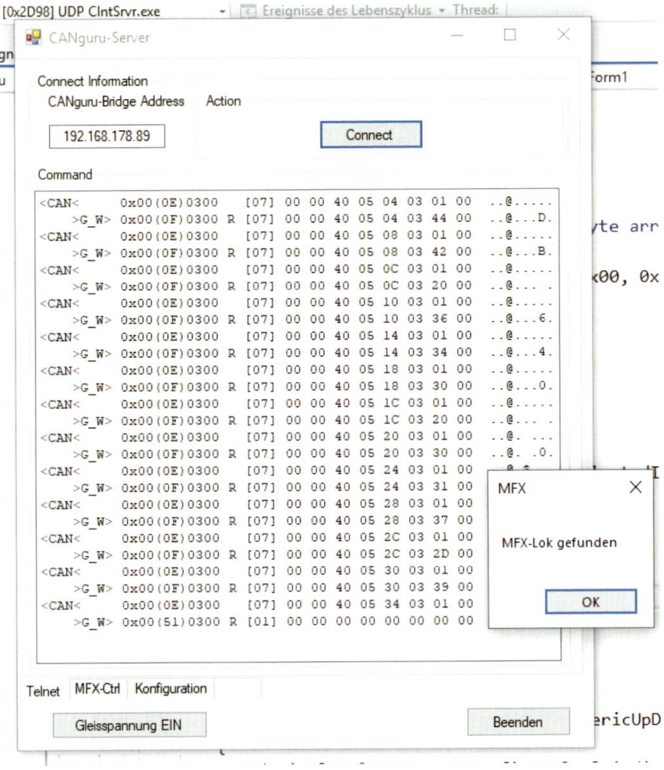

Abb. 4–6 *Die CANguru-Bridge hat eine mfx-Lok identifiziert. Nun kann eine neue Datei lokomotive.cs2 erstellt werden.*

Insbesondere geht es darum, Lokomotiven mit dem mfx-Protokoll zu erkennen und deren Daten in Win-DigiPet zu transferieren. Der Prozess läuft nahezu automatisch ab.

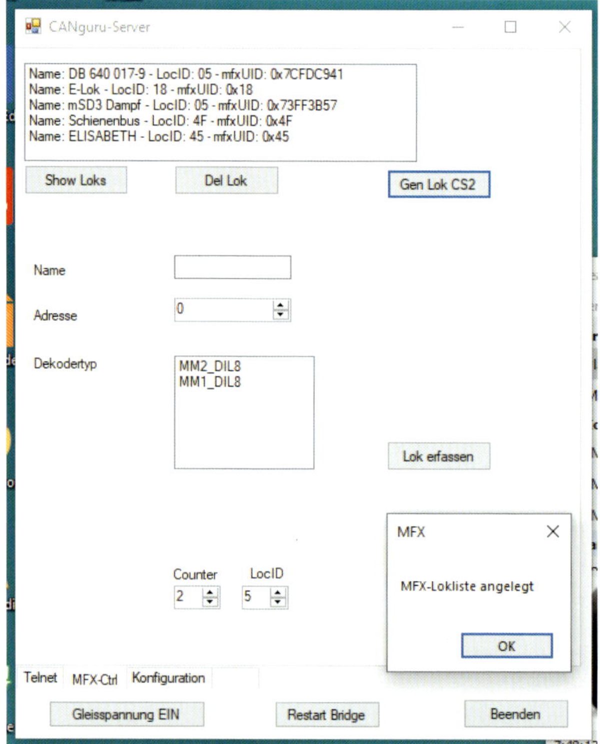

Abb. 4–7 *Wenn die neue Lokliste angelegt ist, kann sie zu Win-DigiPet übertragen werden.*

Stellen Sie dazu bei laufendem CANguru-Server, aber ohne Win-DigiPet eine mfx-Lok auf die Schiene. Kurz darauf erhalten Sie die Meldung, dass eine mfx-Lok gefunden wurde. Damit sind der Name und die Adresse der Lok erfasst. Diese Daten wurden aber noch nicht in die Lokliste übertragen. Das geschieht, wenn Sie den Knopf »Gen Lok CS 2« in der Registerkarte »MFX-Ctrl« betätigen. Anschließend wird die Lok in die Liste übernommen und die aktualisierte Liste wird in der Box oben links angezeigt.

Dabei haben Sie nun Gelegenheit, auch Loks, die nicht mehr gebraucht werden, mit dem Knopf »Del Lok« zu löschen. Markieren Sie dazu die unerwünschte Lok und drücken Sie den Löschknopf.

In dem Zusammenhang ist auch die Schaltfläche »Show Loks« interessant. Damit werden die Daten aus der Datei »lokomotive.cs2« zur weiteren Verwaltung angezeigt.

Weiterhin können Sie auf dieser Registerkarte auch »normale« Lokomotiven anlegen, um sie später nach WDP zu übertragen. Geben Sie dazu die Daten der Lok (Name, Adresse und Decoder-Typ) in den unteren Bereich ein und betätigen

Sie den Knopf »Lok erfassen«. Als Ergebnis wird diese Lok in den Bestand übernommen.

An dieser Stelle muss darauf hingewiesen werden, dass die Verwaltung der Lokdaten begrenzt ist. Das bedeutet, dass ausschließlich die in der Box angezeigten Daten erfasst und nach WDP übertragen werden. Alle weiteren Leistungsdaten müssen anschließend dort ergänzt werden.

Nachdem nun die Lokliste aktualisiert wurde, geht es darum, diese Daten ins Steuerprogramm zu bekommen. Dazu starten wir Win-DigiPet und rufen dort den Menüpunkt »Fahrzeug-Datenbank« auf. Die Lokomotiven, die bis jetzt erfasst wurden, werden angezeigt. Dort gibt es den weiteren Menüpunkt »Fahrzeug-Datenbank <-> Zentrale«. Wir aktivieren das Icon und erhalten folgendes Fenster (beispielhaft).

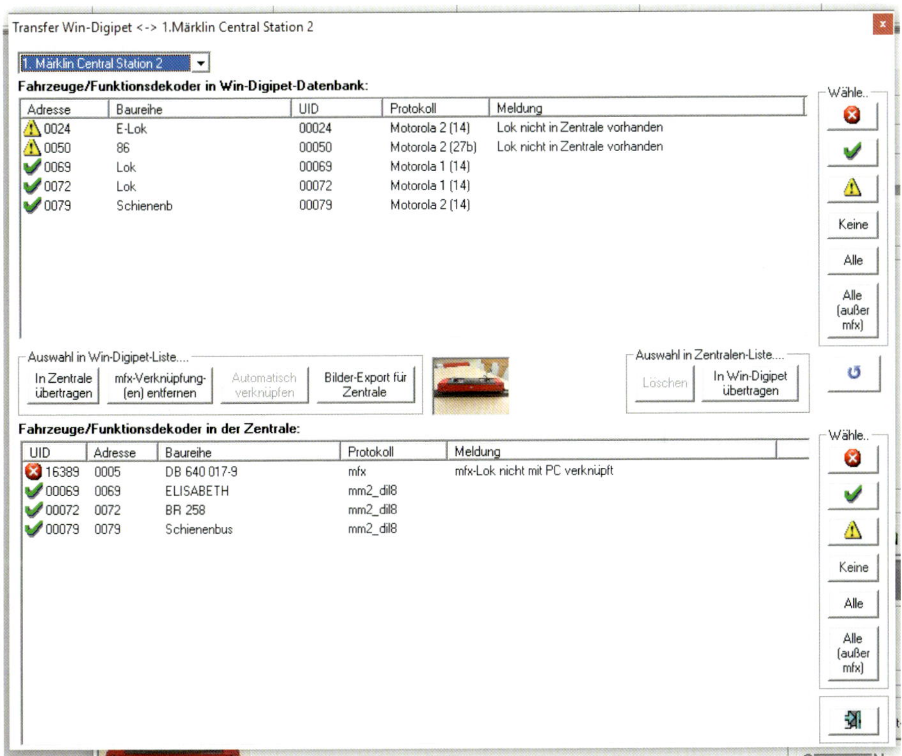

Abb. 4–8 *Neue Lokomotiven müssen Win-DigiPet bekannt gemacht werden.*

Im oberen Bereich werden die Lokomotiven, die Win-DigiPet bereits bekannt sind, angezeigt. In der unteren Liste sehen Sie den Inhalt der übertragenen Lokliste. Wir finden darunter die soeben erkannte mfx-Lok. Durch Betätigung des Knopfs »In

Win-Digipet übertragen« erreichen wir den Ausgleich der beiden Listen und die mfx-Lok ist in den Bestand von Win-DigiPet übergegangen und kann nun weiterbearbeitet werden.

Modellbahnkomponenten

Die CANguru-Bridge

Die CANguru-Bridge wird benutzt für die Verbindung zwischen dem PC auf der einen Seite und den Decodern und der Gleisbox auf der anderen Seite. Wie bereits im ersten Kapitel unter »Big Picture« beschrieben, wird sie insbesondere benötigt, um von der Steuersoftware empfangene Nachrichten auf der LAN-Seite in das verwendete CAN-Protokoll auf der Komponenten- /Decoder-Seite umzusetzen.

Dazu wird ein spezieller ESP32 verwendet, der die für unsere Zwecke benötigten Schnittstellen bereits mitbringt. Dieses Modul unterstützt hardwareseitig bereits das CAN-Protokoll für die Verbindung mit der Gleisbox, das Ethernet-Protokoll zur Kommunikation sowie wie alle ESP32 das WLAN bzw. das ESP32-spezifische ESP-NOW-Protokoll, über das die Befehle an die Decoder weitergeleitet werden. Weiterhin ist an diese Platine ein kleines Display angeschlossen, das den Status der Software anzeigt. Nachdem das Modul mit Spannung versorgt wurde, dauert es einige Sekunden, bis die Meldung »Connect!« angezeigt wird. Daneben wird zur Information auch die eigene IP-Adresse angegeben.

Dies ist die Aufforderung an den Nutzer, nun den CANguru-Server zu starten.

Der Nutzer hat hier keine weiteren Aufgaben zu erledigen oder Einstellungen zu tätigen.

Gleisbox

Die Gleisbox wird von der Firma Märklin angeboten. Da die Lokomotiven (noch) kein CAN-Protokoll verstehen, wird diese Box benötigt, um das CAN-Protokoll auf den Digitalstrom semantikerhaltend umzusetzen. In der reinen Märklin-Welt werden auf diese Art und Weise nicht nur die Loks versorgt, sondern auch die Weichen, Signale und was sonst noch gesteuert werden muss. An dieser Stelle weicht unser CAN-Konzept – wie bereits oben geschildert – davon ab. In dieser unserer CAN-Welt werden eben nur die Loks von der Gleisbox versorgt; alle anderen Komponenten erhalten ihre Anweisungen im CAN-Format via Luftschnittstelle. Damit verschaffen wir uns nicht nur Flexibilität, sondern weiterhin den Vorteil, dass der gesamte wertvolle Digitalstrom der Gleisbox für die Versorgung der Lokomotiven zur Verfügung steht.

Abb. 4–9 *Die Märklin-Gleisbox versorgt die Loks mit Digitalstrom. Darin sind die Informationen enthalten, mit welcher Geschwindigkeit und in welcher Richtung sie fahren sollen.*

Die Gleisbox wird ausschließlich als Black Box verwendet. Das bedeutet, dass lediglich der Trafo, die CANguru-Bridge sowie die Gleise angeschlossen werden. Nutzereinstellungen gibt es hier keine.

Mit den bisher geschilderten Komponenten – der Steuerungssoftware Win-DigiPet, dem CANguru-Server, dem Modul CANguru-Bridge und der Gleisbox – kann eine einfache Modellbahn aufgebaut werden, in der Loks schon fahren können. Auf die Steuerung von Weichen und Signalen muss man allerdings verzichten oder sie von Hand bedienen.

Der Weichendecoder

Wenn es neben dem Fahren der Loks auf einer Modellbahn eine weitere wichtige Funktion gibt, so ist es das Stellen der Weichen. Dabei gibt es zwei Aspekte: einmal das Dekodieren des Weichenbefehls (wie etwas weiter unten dargestellt, so beispielsweise Weiche 19 auf rechts schalten), und außerdem das eigentliche mechanische Verstellen der betroffenen Weiche.

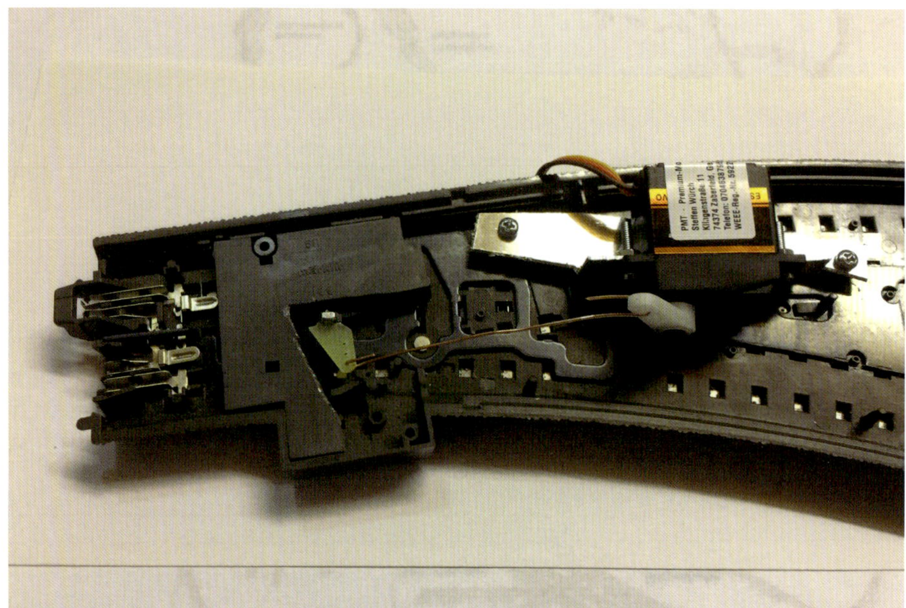

Abb. 4–10 *Eine auf Servobetrieb umgebaute Weiche*

Dafür wird eine Lösung eingesetzt, bei der mit Hilfe eines Servoantriebs die Weiche umgestellt wird. Im nebenstehenden Bild ist der Servoantrieb mit einem Hebelarm zu sehen. Diese Lösung wurde im Wesentlichen aus zwei Gründen gewählt. Einmal ist diese Art der Verstellung, die mit dem entsprechenden Decoder in der Geschwindigkeit eingestellt werden kann, dem Original viel ähnlicher als zwei Magnetspulen. Und zweitens ist der Steuerstrom für die Servos so gering, dass der ESP32 das ohne zusätzliche Komponenten verkraftet.

Der Weichendecoder ist in dem Gesamtsystem in der eingangs erwähnten Aufgabenteilung natürlich nur für den ersten Teil, also die Abarbeitung des Befehls, zuständig. Um das aber zu bewerkstelligen, ist ein Verständnis für das verwendete Adressierungssystem notwendig. Die folgenden Aussagen sind übrigens nicht nur für die Weichen zutreffend, sondern auch für andere Systemanteile, wie LED- und Formsignale.

Jeder Decoder hat ständig das Ohr am CAN-Bus und lauscht, ob ein Kommando für ihn eingegangen ist. Wenn dort ein Weichenbefehl aufgerufen und dabei eine Weiche angesprochen wird, die im Zuständigkeitsbereich eines bestimmten Decoders liegt, so wird dieser aktiv. Wenn wir hier den Begriff »Weichenbefehl« verwenden, ist das etwas kurz gesprungen. Die Märklin-Dokumentation spricht nämlich von »Zubehör Schalten« und meint hier eben neben Weichen auch Signale und ggf. weitere Systeme. Jeder Decoder kennt auf der Basis seiner ihm zugewiesenen Decoder-Adresse auch den Bereich seiner Weichenadressen. Die erste Weichenadresse eines Decoders »dec#« lautet:

Erste Weichenadresse: (dec#– 1) * 4 + 1 (mit dec# = Decoder-Adresse und dec#= 1 .. 255[1]).

Das Beispiel mit »dec# = 5« mag das erläutern. Mit (5 -1) * 4 + 1 ergibt sich für die erste Weichenadresse 17 und insgesamt der Bereich von 17 bis 20. Wenn also die Zuständigkeit anerkannt wurde, muss nur noch der Servo in die richtige Richtung angetrieben werden und schon ist man fertig. Leider ist es nicht ganz so einfach. Denn während ein Servo gestellt wird, könnte der Befehl für eine andere Weiche im Zuständigkeitsbereich kommen, die dann nicht bedient werden kann. Wie dieses Problem gelöst wurde, wird im Entwicklerteil des Buchs erläutert.

Nun setzt also das Steuerprogramm den Befehl »Weiche 19 auf rechts« ab. Wir unterstellen mal, dass im System fünf Weichendecoder installiert sind. Wie oben erklärt, ist es in diesem Fall das Weichendecodermodul 5, das die Befehle für die Adressen 17 bis 20 ausführt. Wie Sie später in Win-DigiPet den Weichen Adressen zuordnen, ist Ihnen überlassen. Dafür gibt es keine festen Regeln. Beachten müssen Sie aber, dass keine Adresse mehr als einmal vergeben wird, ebenso wie keine Adresse außerhalb des durch die installierten Decoder abgedeckten Adressbereichs liegen darf.

Wenn die Decoder jungfräulich mit Software bedampft sind, tragen alle die Adresse 1 mit sich. Damit das nicht ins Chaos führt, steht der CANguru-Server parat, um die Adressen und auch andere Parameter für die Weichen anzupassen.

Wenn Sie im CANguru-Server auf den Reiter »Konfiguration« und anschließend in der Decoder-Liste auf einen Weichendecoder klicken, erhalten Sie eine Darstellung wie in folgender Abbildung.

1 Die Anzahl der möglichen Adressen und damit Magnetartikel ergibt sich aus der Vorgabe der Firma Märklin. Dort ist ein Adressraum von 0x3000 bis 0x33FF für Magnetartikel im MM-Format vorgegeben. Da die Adresse 0 nicht vergeben wird, sind das dann insgesamt 1023 Adressen bzw. bei 255 Decodern bleiben 1020 Adressen. Die Darstellung 0x3XXX wird nur intern verwendet und braucht uns momentan nicht kümmern.

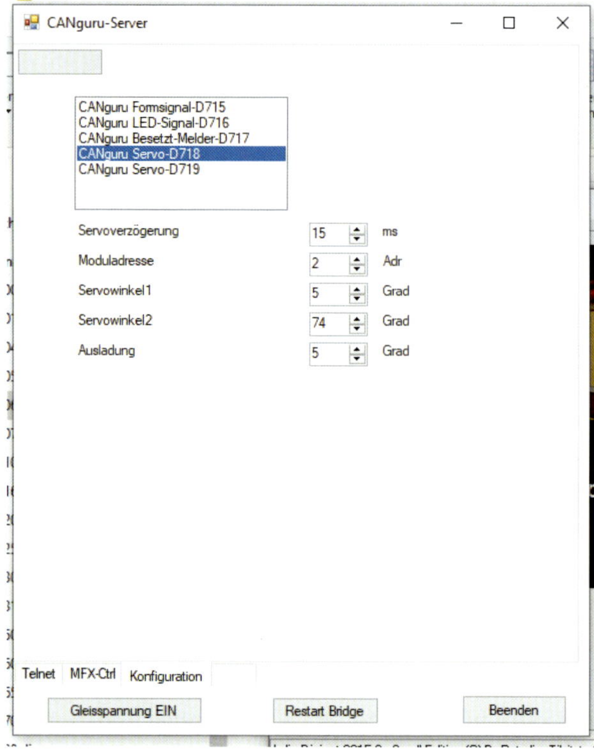

Abb. 4–11 *Mit der Konfigurationsfunktion im CANguru-Server können verschiedene Werte der Decoder nach eigenen Wünschen angepasst werden.*

Nun können Sie die dort aufgelisteten Parameter anpassen.

Eintrag	Erläuterung	Normal	Minimal	Maximal
Servoverzögerung	Hier tragen Sie ein, wie schnell der Servo sich von einer Position zur anderen (z. B. von rechts nach links) bewegt.	10	100	10
Moduladresse	Adresse des Moduls; bestimmt, welche Weichenadressen angesprochen werden können	1	1	99
Servowinkel1	Winkel des Servoarms (kleiner Winkel)	5	1	179
Servowinkel2	Winkel des Servoarms (großer Winkel)	74	1	179
Ausladung	Gibt den Winkel an, über den der Servoarm sich hinausbewegt, um die Weiche sicher zu schalten	10	1	25

Bei Veränderungen der Servowinkel und der Ausladung müssen Sie bedenken, dass der Servo im eingebauten Zustand in seiner Bewegung beschränkt ist. Wenn Sie also den Winkel falsch wählen, läuft das auf eine Materialprobe des Servos hinaus, mit meist verheerenden Folgen.

Denken Sie auch daran, dass Veränderungen nur gespeichert werden, wenn Sie einen anderen Decoder aufrufen.

Für unsere sechs Weichen werden zwei Decoder benötigt. Einer bekommt die Adresse 1 und bedient die Weichen 1 bis 4, der zweite Decoder hat die Adresse 2 für die Weichen 5 bis 8. In folgender Abbildung sind die sechs Weichen mit ihren Adressen eingetragen. Dabei habe ich jedem Decoder drei Weichen zugeordnet. Die Kästchen in der Abbildung sind so zu lesen: Die römische Ziffer ist die Adresse des Decoders und die arabische die Adresse der Weiche.

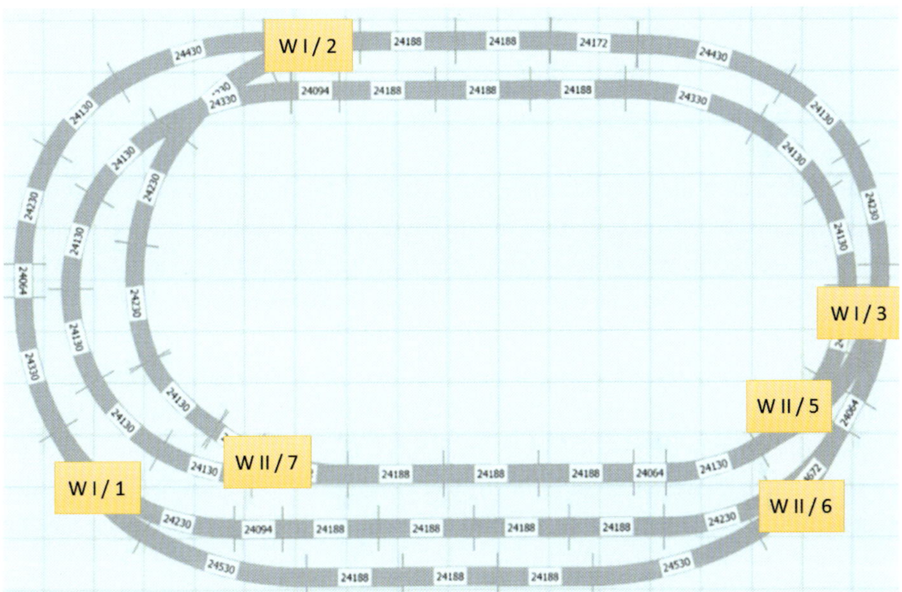

Abb. 4–12 *Hier sind die Adressen und die Zuordnung der Weichen zu den beiden Weichendecodern angegeben.*

Damit sich der Kreis schließt, muss das verwendete Steuerungsprogramm Win-DigiPet auch Kenntnis von den angeschlossenen Weichen haben und wissen, wie sie zu schalten sind.

Wie Sie Ihre Weichen in diese Programme integrieren, entnehmen Sie bitte den jeweiligen Beschreibungen. Es ist nur wichtig, dass Sie dabei die Werte eingeben, die Sie den erläuternden Bildern entnehmen können.

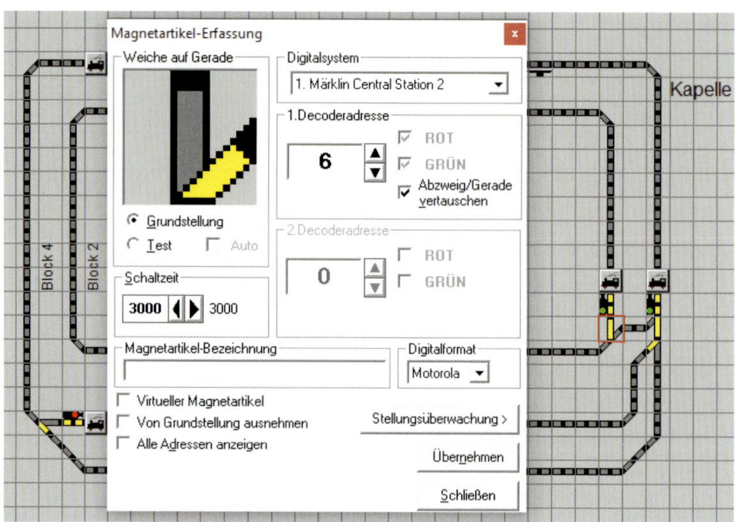

Abb. 4–13 *Sie müssen die Weichenadressen aus der vorigen Abbildung dem Steuerungsprogramm Win-DigiPet mitteilen. Geben Sie dort auch eine ausreichend lange Schaltzeit ein.*

Insbesondere sind die Weichen unbedingt als MM-Format und nicht DCC zu deklarieren, ansonsten reagieren sie nicht. Weiterhin sollten Sie eine ausreichende Schaltzeit festlegen. Wenn diese zu kurz eingestellt ist, fährt unter Umständen eine Lok auf eine Weiche zu, die sich noch im Umstellprozess befindet. Wie das meist endet, ist bekannt und muss nicht geschildert werden.

Es wird Ihnen nach Eintragen der Weichen bei Win-DigiPet auffallen, dass einige Weichen korrekt, andere dagegen scheinbar verkehrt herum reagieren. In Win-DigiPet stehen sie beispielsweise nach links, in Wirklichkeit aber nach rechts. Die Erklärung dafür ist recht einfach. Der Servo läuft bei allen Weichen in der gleichen Richtung, so dass z.B. eine linke Weiche nach links schaltet. Der gleiche Vorgang bei einer rechten Weiche hat aber zur Folge, dass sie auf »geradeaus« steht. Für dieses Phänomen gibt es bei Win-DigiPet den Eintrag »Abzweig/Gerade vertauschen«. Machen Sie davon Gebrauch und schon ist die Welt wieder in Ordnung.

In den Einstellungen im Konfigurationsmenü wurde nur der zweite Weichendecoder mit der Adresse 2 ausgestattet. Ansonsten wurden die voreingestellten Werte übernommen.

Nachdem alle beschriebenen Aktivitäten erfolgreich abgeschlossen sind, können Sie nun die Weichen in Bewegung setzen.

Der Signaldecoder

Es gibt Menschen, die glauben, dass hinter einer roten Ampel eine unsichtbare Mauer die Autos tatsächlich am Durchfahren der Kreuzung hindert. Das würde im Straßenverkehr mit Sicherheit einige schwere Unfälle vermeiden helfen. Doch das ist nicht so, man kann auch bei Rot über die Kreuzung fahren. Und genauso ist es auch bei unseren Signalen. Wie schon ihr Name kundtut: Sie signalisieren einen bestimmten Status, sie beeinflussen aber einen Zug nicht. Es muss an anderer Stelle geregelt werden, dass der Zug bei Rot vor dem Signal stehenbleibt.

Nachdem das geklärt ist, muss festgelegt werden, an welcher Stelle im Gleisplan Signale aufgestellt werden. Deren Platzierung richtet sich im Wesentlichen danach, wie die Züge fahren werden. Wollte man die Züge in alle Richtungen fahren lassen, so müsste man vor jeder Weiche zwei Signale aufstellen, die verhindern, dass vom Abzweig und von geradeaus gleichzeitig Züge weiterfahren. In unserem Fall sieht der Plan etwas anders (einfacher) aus. Die Richtungen sind nur wie in der Abbildung dargestellt vorgesehen. Das reduziert die Anzahl der Signale. Allerdings wurde vor der Bahnhofsausfahrt ebenfalls ein Signal geplant, obwohl es hinsichtlich der Kollisionsgefahr nicht zwingend notwendig ist.

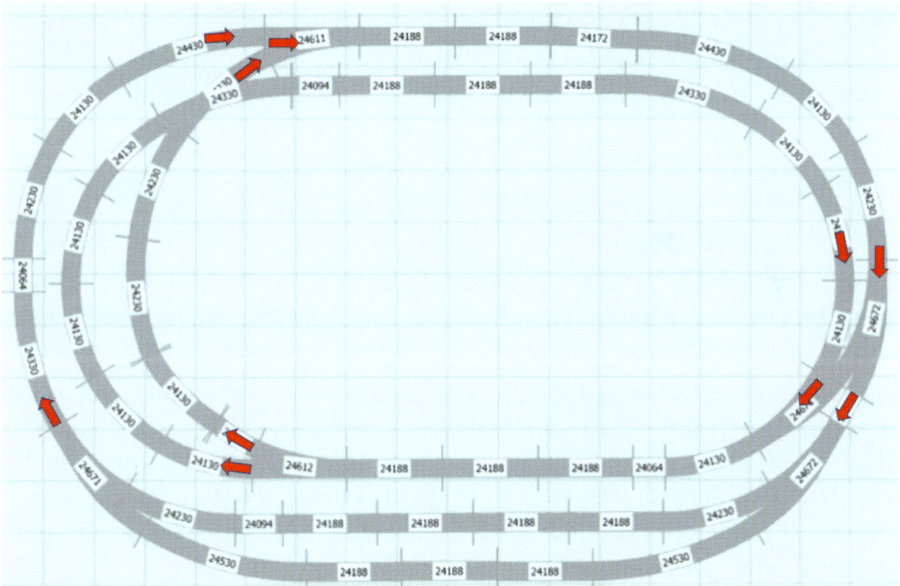

Abb. 4–14 *Mit der Festlegung der möglichen Fahrtrichtungen der Loks wird auch die Entscheidung über die Anzahl und Standorte der Signale getroffen.*

Wir haben bei den CANgurus zwei Signalarten im Angebot: die LED-Signale und die Formsignale. Wir behandeln zunächst die Formsignale, da sie sich von der Bedienung her kaum von den Weichen unterscheiden.

Die Formsignale

Mein Plan sieht vor, dass die Signale S IV / 13 und 14 als Formsignale ausgeführt werden. Warum gerade diese? Diese Signale sieht man nur von hinten. Und LED-Signale von hinten ist ziemlich langweilig. Bei Formsignalen ist auch von hinten Bewegung drin.

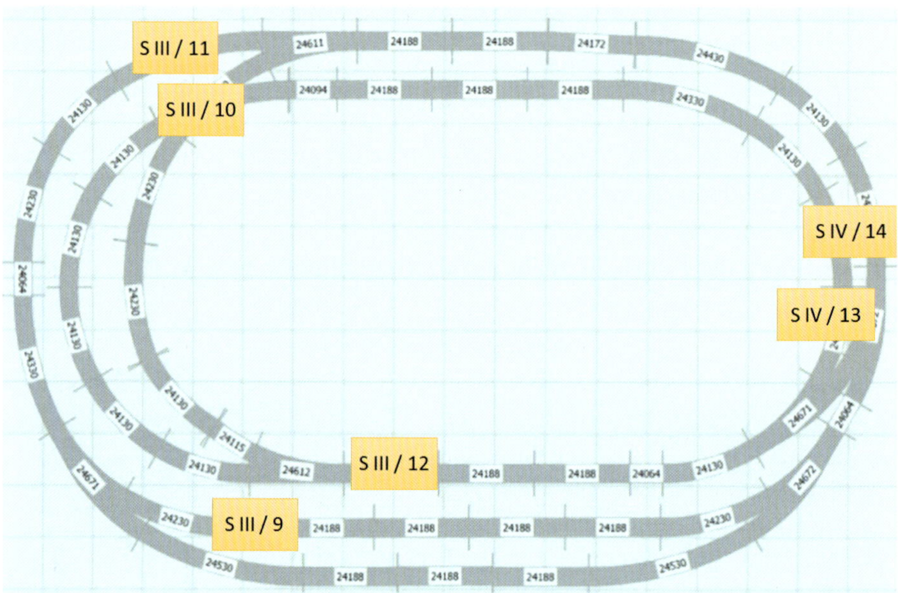

Abb. 4–15 *Um einen sicheren Betrieb zu gewährleisten, sind in unserer Anlage sechs Signale notwendig. Deren Adressen schließen sich in der Nummerierung an die Weichenadressen an.*

Die Formsignale nutzen wie die Weichen einen Mini-Servo für die Bewegung des Signalarms. Insofern gilt das, was bei den Weichen gesagt wurde, hier ganz analog. Der einzige Unterschied zwischen den Armbewegungen des Servos bei den Weichen und bei den Signalen ist folgender.

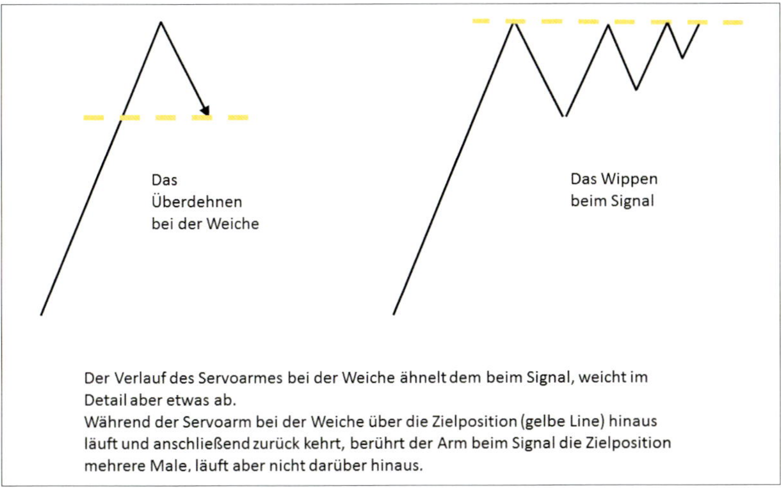

Abb. 4–16 *Für die beiden Formsignale auf unserer Anlage ist das Wippen des Signalarmes charakteristisch.*

Bei der Beschreibung der Weichen wurde schon unter dem Stichwort Ausladung dargestellt, dass der Servoarm etwas über das notwendige Maß hinausläuft, um sicherzustellen, dass die Weiche in die gewünschte Position fährt und dort verbleibt. Das ist bei den Signalen nicht nötig. Hier gibt es aber den Wippeffekt. Damit läuft der Arm zunächst bis in die Endstellung, danach aber wieder etwas zurück. Dieser Vorgang wiederholt sich mit abnehmender Ausladung.

Bei den Formsignalen gibt es die folgenden Parametereinstellungen:

Eintrag	**Erläuterung**	**Normal**	**Minimal**	**Maximal**
Servoverzögerung	Hier tragen Sie ein, wie schnell der Servo sich von einer Position zur anderen (z. B. von oben nach unten) bewegt.	10	100	10
Moduladresse	Adresse des Moduls; bestimmt, welche Signaladressen angesprochen werden können	1	1	99
Servowinkel1	Winkel des Servoarms (kleiner Winkel)	5	1	179
Servowinkel2	Winkel des Servoarms (großer Winkel)	74	1	179
Ausladung	Gibt den Winkel an, über den der Servoarm sich hinausbewegt, um das Wippen nachzubilden	10	1	25

An dieser Stelle möchte ich wiederholen, dass Sie mit zu großen Servowinkeln und Ausladungen Ihre Servos zerstören können.

Im Konfigurationsmenü wurde für diesen Signaldecoder die Adresse 4 eingestellt. Ansonsten wurden die voreingestellten Werte so übernommen.

Die LED-Signale

Bei den LED-Signalen bewegt sich natürlich nichts. Vielmehr wechseln die beiden LEDs ihre Helligkeit: von Rot nach Grün oder umgekehrt. Dabei ist hier das langsame Überblenden von der einen zur anderen Signalfarbe charakteristisch. Neben der Einstellung weniger Parameter im CANguru-Server und danach in Win-Digi-Pet ist für den Nutzer hier nichts zu tun.

Eintrag	Erläuterung	Normal	Minimal	Maximal
DimSpeed	Hier tragen Sie ein, wie schnell der Farbwechsel verläuft.	50	2	99
Moduladresse	Adresse des Moduls; bestimmt, welche Signaladressen angesprochen werden können	1	1	99

Im Konfigurationsmenü wurde für diesen Signaldecoder die Adresse 3 eingestellt. Ansonsten wurden die voreingestellten Werte so übernommen.

Der Gleisbesetztmelder

Der Gleisbesetztmelder ist eine wesentliche Voraussetzung für den geplanten Automatikbetrieb. Mit diesem Instrumentarium kann man jederzeit feststellen, in welchem Abschnitt sich Loks befinden.

Um es vorwegzunehmen: Wir werden die Fahrstraßen, die die Züge nehmen können, als Blöcke ausbilden, mit jeweils einer kurzen Ein- und Ausgangstrecke sowie einer längeren Mittelstrecke. In diese Blöcke kann selbstverständlich nur dann eingefahren werden, wenn die entsprechenden Gleisbesetztmelder melden, dass sich darin keine Lok mit einem Zug befindet.

Insgesamt sind für diesen Gleisplan sechs Blöcke vorgesehen. Mit jeweils drei Sensoren ergibt das insgesamt 18 Meldebereiche.

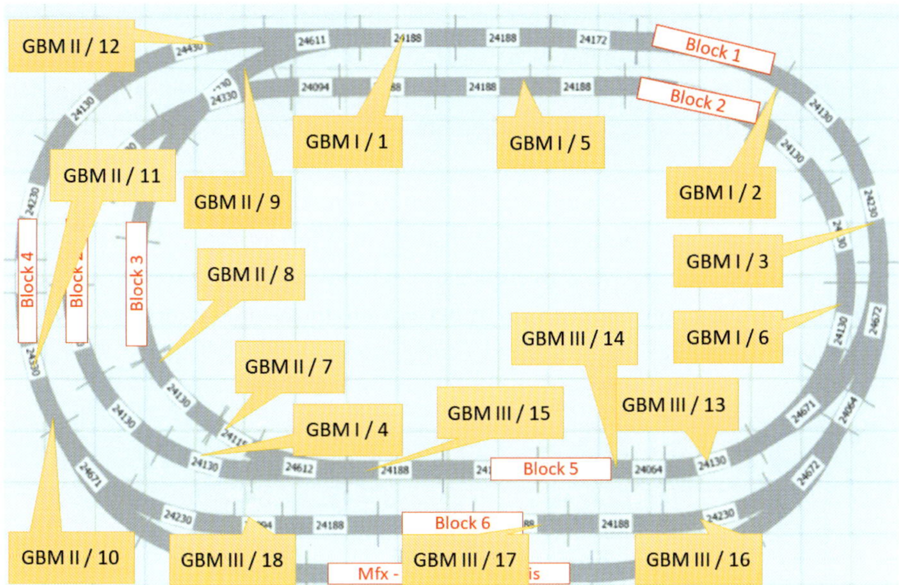

Abb. 4–17 *Die Strecke zwischen zwei Weichen habe ich als Block ausgeführt. Jeder davon ist in drei Gleisabschnitte unterteilt, die jeweils überwacht werden.*

Nun ein paar Worte zu den Parametern, die Sie im CANguru-Server eingeben.

Eintrag	Erläuterung	Normal	Minimal	Maximal
Moduladresse	Adresse des Moduls; bestimmt, welche Gruppe von Gleisbesetztmeldern angesprochen werden können	1	1	99
Anzahl der Sensoren	Anzahl der Sensoren in diesem Modul	18	1	24

Während die Decoder-Adressen bei den Magnetartikeln (Weichen, Signale etc.) fortlaufend vergeben werden, damit auch die zugehörigen Adressen sich sequenziell darstellen, bilden die Gleisbesetztmelder eine eigene Gruppe. Jeder Gleisbesetztmelder kann 24 Sensoren bedienen. Danach kann der Gleisbesetztmelder mit der Moduladresse 1 die Sensoren 1 bis 24 und der mit der Adresse 2 die Sensoren 25 bis 48 bedienen. Wir benötigen für unsere Zwecke aber nur einen Gleisbesetztmelder.

Im Konfigurationsmenü wurde deshalb für den Gleisbesetztmelder die Adresse 1 eingestellt. Ansonsten wurde die Anzahl der Sensoren mit 18 so belassen.

In der obigen Abbildung ist die Lage der Gleisbesetztmelder bzw. jeweils ein Gleis aus den beobachteten Blockabschnitten dargestellt. Auch hier gibt es in jedem Kästchen eine römische und eine arabische Zahl. Die arabische Zahl ist die Nummer des Sensors bzw. Rückmeldebereichs, die wir später bei Win-DigiPet eintragen werden. Die römische Ziffer verweist auf eines der 3 verbauten Anschlussmodule (auch als Melder bezeichnet). Das sind die Teile, die auf der einen Seite mit den Gleisen und auf der anderen Seite über einen Multiplexer mit dem Gleisbesetztmelder verbunden sind.

Nun gilt es, diesen Zusammenhang auch in Win-DigiPet abzubilden.

Dazu muss man wissen, dass die Sensoren in Win-DigiPet in Achtergruppen zusammengefasst sind. Also wählen wir drei Module mit den Adressen 1 bis 24. Dass wir nur 18 Sensoren tatsächlich im System haben, soll uns nicht weiter stören. Die Sensoren 19 bis 24 werden vom Decoder stets als nicht belegt gemeldet.

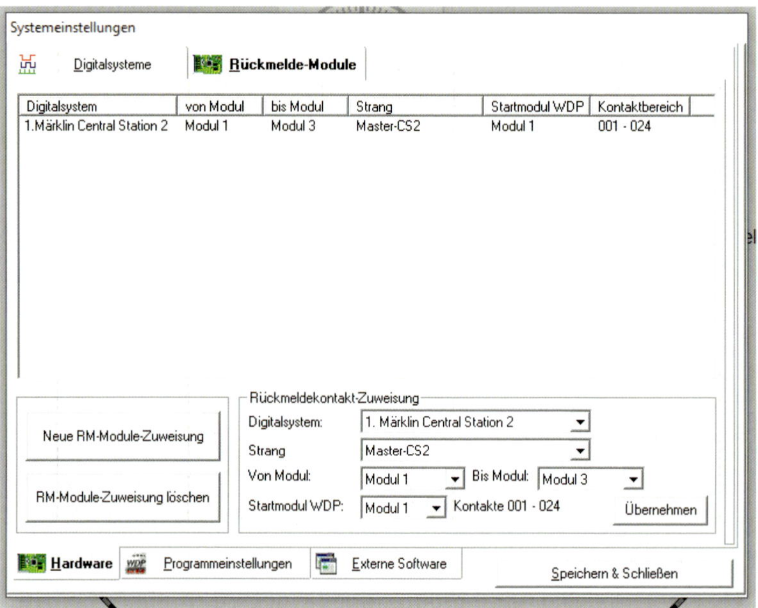

Abb. 4–18 *Die Anzahl der Rückmelder muss in Win-DigiPet in den Systemeinstellungen eingetragen werden. Dabei werden jeweils acht in einem Modul zusammengefasst.*

Nachdem diese Angaben in den Systemeinstellungen eingetragen und mit Schließen und Speichern akzeptiert wurden, müssen wir das System neu starten, damit die Änderungen wirksam werden.

Das ist der Zeitpunkt, an dem Sie einen Zug über die Gleise fahren lassen sollten und Sie sich überhaupt nicht wundern, dass sich der Zug tatsächlich dort befindet, wo die rote Markierung im Gleisplan von Win-DigiPet aufleuchtet. Alle Aktivitäten bis hierhin gehörten zum Pflichtprogramm. Die weiteren in diesem Abschnitt sind optional und dienen dazu, die Anlage zu verschönern bzw. sie mal ganz anders zu sehen.

Der Lichtdecoder

Die Lichtsteuerung und die Gleisbesetztmelder sind vom Prinzip ganz ähnlich aufgebaut. Die Lichtsteuerung funktioniert allerdings quasi umgekehrt. An den Schnittstellen des Multiplexers liegen nicht wie beim Gleisbesetztmelder Eingänge, sondern in diesem Fall Ausgänge an. So kann jedes Lichtmodul pro angeschlossenem Multiplexer 16 LEDs ansteuern. Das folgende Bild deutet an, wie der Lichtdecoder in Aktion aussieht. Zwischen den Teilbildern liegen jeweils einige Minuten.

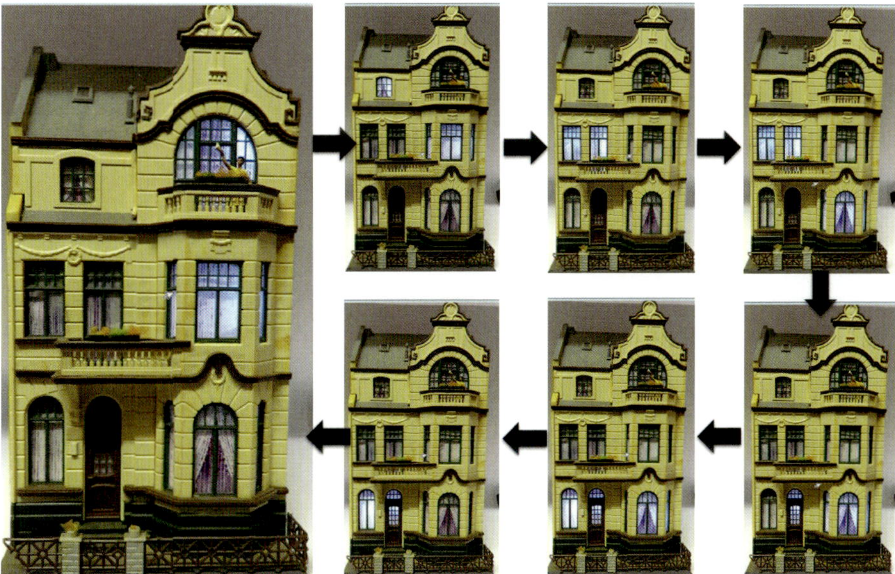

Abb. 4–19 *Der Lichtdecoder in Aktion. Es werden quasi zufällig die Leuchtdioden hinter den Fenstern im Abstand von einigen Minuten ein- oder ausgeschaltet und erzeugen damit einen realistischen Eindruck.*

Im Vollausbau sind das 32 LEDs für diverse Zwecke. Momentan sind acht verschiedene Programme auf der Steuerung vorgesehen: Ampelsteuerung, Blaulicht, Baustellenblinker (Warnbaken), Knight Rider und vier Hausbeleuchtungsprogramme. Dabei können jedem Decoder vier LED-Programme (vier Programme mal acht LEDs sind 32 LEDs) zugeordnet werden. Natürlich ist man in dieser Zuordnung vollkommen frei, d.h. beispielsweise, dass ein Programm mehrmals oder überhaupt nicht zugeordnet wird. Jedes Programm läuft in einer Endlosschleife, es kommt also nicht zum Stillstand.

Ein solches Programm soll am Beispiel der Ampel dargestellt werden.

Zeit-takt	LED 0	LED 1	LED 2	LED 3	LED 4	LED 5	LED 6	LED 7
	ROT Straße 1	GELB Straße 1	GRÜN Straße 1	ROT Straße 2	GELB Straße 2	GRÜN Straße 2	ROT Fuß-gänger	GRÜN Fuß-gänger
0	An	Aus	Aus	An	Aus	Aus	An	Aus
100	An	Aus	Aus	An	Aus	Aus	Aus	An
600	An	Aus	Aus	An	Aus	Aus	An	Aus
700	An	An	Aus	An	Aus	Aus	An	Aus
800	Aus	Aus	An	An	Aus	Aus	An	Aus
1300	Aus	An	Aus	An	Aus	Aus	An	Aus
1400	An	Aus	Aus	An	Aus	Aus	An	Aus
1500	An	Aus	Aus	An	An	Aus	An	Aus
1600	An	Aus	Aus	Aus	Aus	An	An	Aus
2100	An	Aus	Aus	Aus	An	Aus	An	Aus

Zur Ampel muss sonst weiter nichts gesagt werden.

Die folgende Tabelle enthält eine kurze Beschreibung der übrigen LED-Programme.

Programm	Erläuterung
Blaulicht	Das Programm ist natürlich für die Ausstattung von Polizei oder Rettungswagen gedacht. Dabei gibt es innerhalb der acht LEDs schnelle und auch langsamere Blitzer sowie Warnblinker.
Baustellenblinker	Dieses Programm speist acht Warnbaken, die bei der Verengung einer Straße von zwei auf eine Spur aufgestellt sind. Die Baken blitzen nacheinander auf und blinken dann zweimal zusammen auf, bis sie wieder von vorne anfangen.

→

Programm	Erläuterung
Knight Rider	Das ist eine Reminiszenz an eine ältere Fernsehserie, in der ein autonom fahrendes Auto eine wesentliche Rolle spielt. Bei diesem Programm läuft eine leuchtende LED von links nach rechts, von rechts nach links, …
Hausbeleuchtungsprogramme 1–4	Die vier Hausbeleuchtungsprogramme sollen das unabhängige Ein- und Ausschalten der einzelnen Zimmer in einem Haus simulieren. Die vier Programme unterscheiden sich hinsichtlich der Dauer der Schaltphasen in den jeweils beleuchteten acht Zimmern.

Obwohl in einem anderen Abschnitt mehr über die programmtechnische Realisierung gesagt wurde, soll an dieser Stelle doch die grundsätzliche Funktionsweise des Decoders erläutert werden, da so das Verhalten der einzelnen Programme verständlicher wird.

Der Decoder erzeugt einen Grundtakt mit einer Periodendauer von zunächst 20 Millisekunden (ms). Jeweils am Ende dieser Periode wird überprüft, ob die zugehörigen LEDs ein- oder ausgeschaltet werden. Dazu existiert zu jedem Programm eine Tabelle mit zwei Spalten. In der ersten Spalte steht die »Uhrzeit« und in der zweiten Spalte der zugehörige Zustand der acht Leuchtdioden. Darüber hinaus ist jedem Programm ein Zähler zugeordnet, der jeweils beim Ablauf einer Periodendauer um eins erhöht wird. Sind nun der Inhalt des Zählers und eine »Uhrzeit« des zugehörigen Programms identisch, so werden die LEDs so geschaltet, wie es die entsprechende zweite Spalte vorgibt. Ist man in der letzten Zeile angekommen, wird der Zähler wieder auf null gesetzt. Da bei allen Programmen der ersten Zeile die »Uhrzeit« null zugeordnet ist, beginnt das Programm wieder von vorne. Aus dieser Beschreibung erkennen wir folgende Zusammenhänge:

#	Erkenntnis
1.	Die LEDs eines Programms werden immer gemeinsam geschaltet, die LEDs der übrigen Programme sind davon unabhängig.
2.	Die Periodendauer einer Programmzeile, also die Dauer ihrer Gültigkeit, ist immer ein Vielfaches des Grundtakts.

Im Konfigurationsmenü können die folgenden Parameter geändert werden:

Eintrag	Erläuterung	Normal	Minimal	Maximal
Dunkelphase	Dunkelanteil in einer PWM-Phase	4	4	95
Hellphase	Hellanteil in einer PWM-Phase	4	4	95
Dim-Faktor	Allgemeine Helligkeit	1	1	24
Geschwindigkeit	Entspricht obiger »Uhrzeit«	20	0	20

Der Kamerawagen

Die Modellbahn ist eine Simulation der realen Welt. Allerdings endet die verkleinerte Welt genau da, wo es keine Miniaturabbilder mehr gibt. Wir haben zwar auch kleine »Menschen« auf der Anlage und sogar im Zug, sehen können die aber natürlich nicht. Aber es wäre doch schön, wenn man die Zugfahrt mit den Augen des Lokführers sehen könnte. Wir können uns zwar nicht ins Cockpit der Lok quetschen, aber eine kleine Kamera leistet da auch schon einiges.

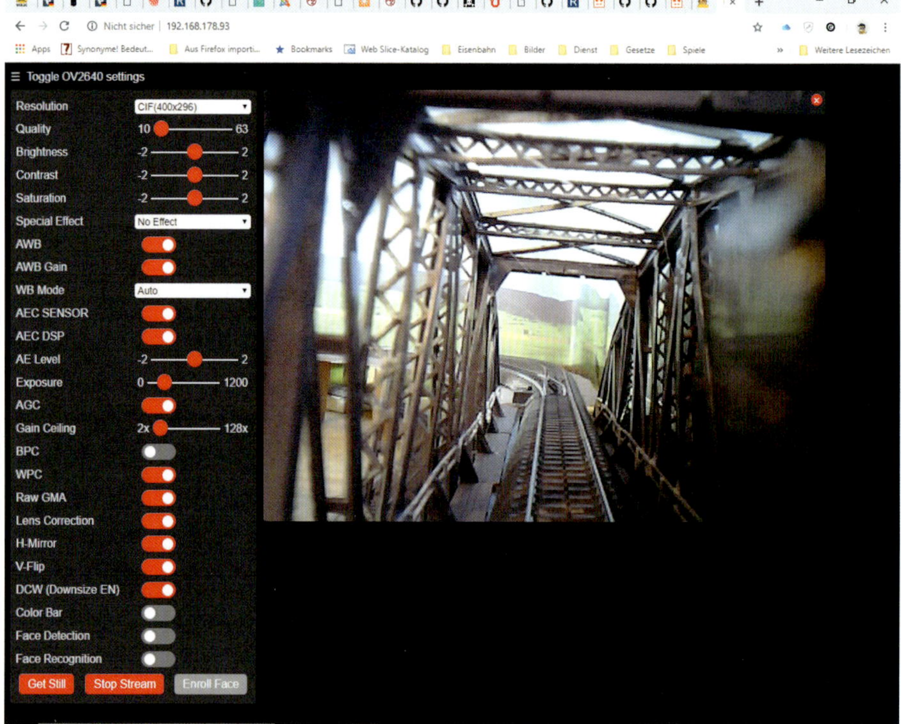

Abb. 4–20 *Der Kamerawagen fährt über die Brücke in unserer Anlage.*

Einen kleinen sehenden Lokführer können wir uns nicht besorgen, allerdings einen Kamerawagen, der uns dieses Bild verschafft und in den Browser unseres Eisenbahn-PCs überträgt.

Wie wir nun das Kamerabild in den Browser bekommen, haben wir bereits im Kapitel 2 unter Tag 7 erläutert.

Auf jeden Fall sollten Sie den Wagen in Bewegung setzen und die erstaunlichen Bilder genießen.

Wir sind nun am Ende der Betriebsbeschreibung der Einzelkomponenten. An dieser Stelle soll – falls es möglicherweise etwas untergegangen ist – noch einmal ein Punkt aufgegriffen werden.

Inbetriebnahme der Anlage

Wahrscheinlich haben Sie schon geahnt, dass die einzelnen Komponenten nicht in einer beliebigen Reihenfolge gestartet werden können. Deshalb hier noch mal eine knappe Darstellung:

- Gleisbox und damit auch die Decoder sowie CANguru-Bridge unter Spannung setzen; auf den Gleisen liegt nun noch keine Spannung an,
- CANguru-Server auf dem PC aufrufen,
- anschließend warten, bis auf dem Display der CANguru-Bridge »Connect!« erscheint,
- mit CANguru-Server Verbindung zur CANguru-Bridge herstellen (auf »Connect«-Button im CANguru-Server klicken),
- dann erst Win-DigiPet aufrufen.

Der Weg zum Automatikbetrieb

Eines unserer Ziele war von Anfang an, einen automatisierten Spielablauf zu erreichen. Wir wollen also einen Knopf betätigen und daraufhin fahren unsere Loks geordnet ohne unser Zutun auf der Anlage. Dafür haben wir keinen Aufwand gescheut. Dieses Ziel wollen wir nun weiterverfolgen.

Hauptakteur ist natürlich Win-DigiPet.

Fahrstraßen

Dort gelangt man allerdings nicht in einem Schritt zur Automatik. Wir müssen uns mit Begriffen wie Fahrstraßen und Zugfahrten beschäftigen.

Fangen wir mit den Fahrstraßen an. Fahrstraßen definieren den Weg, den ein Zug nehmen kann. Sie beginnen stets an einem Zugnummernfeld und enden bei mir stets auf dem nächsten Zugnummernfeld neben dem am nächsten gelegenen Signal. Will man die Fahrstraße befahren, so muss eine Lok auf diesem Zugnummernfeld stehen. Im folgenden Bild wurde die DB 640 auf ein Zugnummernfeld gezogen. Sie zeigt die korrekte Fahrtrichtung an, um nun in den Bahnhof bis zum Signal, das richtigerweise auf Rot gestellt wurde, einzufahren. Mit der rechten Maustaste wählt man Start- und Zielpunkt und schon geht die Fahrt los. Die Lok fährt zum Zielpunkt und die Adresse wandert auf das nächste Zielnummernfeld.

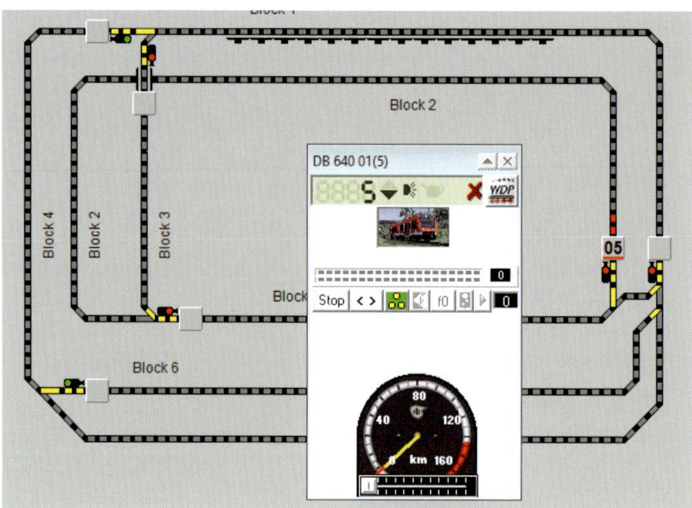

Abb. 4–21 *Wenn Sie bei der Anlage des Gleisbildes Zugnummernfelder in Win-DigiPet vorsehen, können Sie recht einfach Fahrstraßen definieren.*

Die Fahrstraßen werden mit dem Fahrstraßen-Editor verwaltet. Mit der dort angebotenen Automatik kann man relativ schnell und fehlerfrei die gewünschten Fahrstraßen aufzeichnen. Die folgende Abbildung zeigt Beispiele für mögliche Fahrstraßen. Die obligatorische Frage von Win-DigiPet, ob die Stellbedingungen übernommen werden können, sollten Sie bedenkenlos bejahen. Das spart nochmals Arbeit.

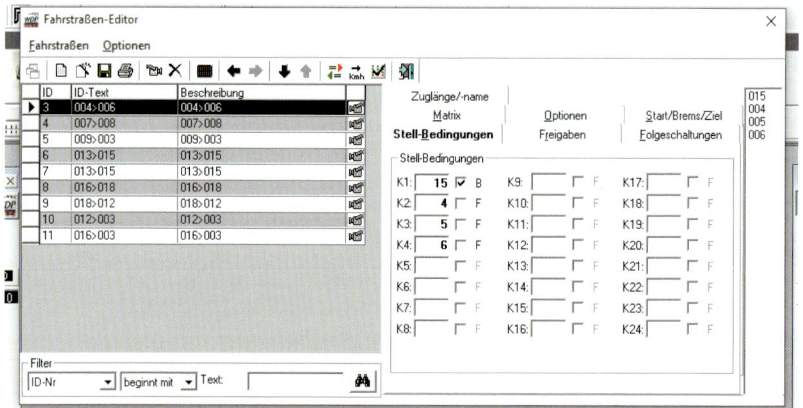

Abb. 4–22 *Mit der Automatik sind Fahrstraßen in Win-DigiPet sehr schnell erstellt.*

Mit den Fahrstraßen kann man bereits ganz schön Spaß haben, sie sind aber nicht unser Ziel. Wir müssen uns deshalb zunächst noch mit den Zugfahrten beschäftigen.

Zugfahrten

Während Fahrstraßen sich jeweils über den Weg von einem Zugnummernfeld zum nächsten erstrecken, stellen Zugfahrten die Aneinanderreihung von Fahrstraßen dar. Dadurch dauern Zugfahrten natürlich länger und können einen Zug auch im Kreis fahren lassen. Mit dem Zugfahrten-Editor lassen sich recht zügig solche Zugfahrten aufschreiben. Voraussetzung dafür ist allerdings, dass Sie vorher die benötigten Fahrstraßen definiert haben.

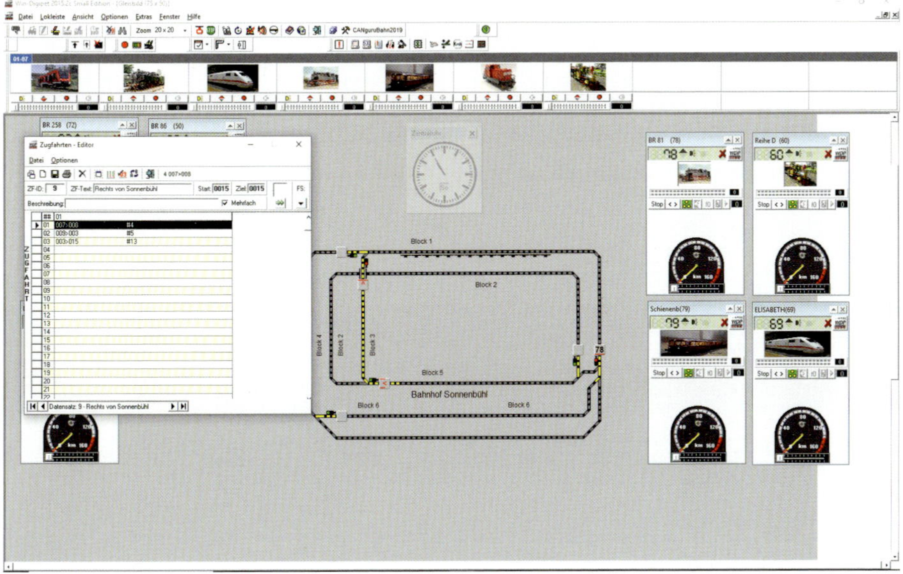

Abb. 4–23 *Zugfahrten sind zusammengesetzte Fahrstraßen.*

Die folgende Liste zeigt die Zugfahrten, die ich im Hinblick auf die Automatik definiert habe.

9	Rechts von Sonnenbühl	Start	0015	Ziel	0015
007>008	009>003	003>015			

10	Links von Sonnenbühl	Start	0018	Ziel	0018
018>012	012>003	016>003			

11	Tunnelfahrt	Start	0015	Ziel	0015
004>006	013>015				

12	Von links nach rechts	Start	0018	Ziel	0015
018>012	012>003	003>015			

13	Von rechts nach links	Start	0015	Ziel	0018
007>008	009>003	016>003			

14	Sonnenbühl links zur Kapelle	Start	0018	Ziel	0003
018>012	012>003				

15	Sonnenbühl rechts zur Kapelle	Start	0015	Ziel	0003
007>008	009>003				

Wie ist die Tabelle zu lesen?

Die Zahl in der linken oberen Zelle ist jeweils die laufende Nummer der Fahrstraße. Das läuft nicht kontinuierlich durch, weil einzelne Fahrten gelöscht wurden und Win-DigiPet nicht automatisch neu durchnummeriert. Daneben ist eine Bezeichnung für die Fahrt eingetragen. Alle übrigen drei- oder vierstelligen Zahlen beziehen sich auf die Rückmeldekontakte. Damit man sich besser orientieren kann, ist hier nochmals der Gleisplan mit den notwendigen Angaben abgebildet. Die Angaben rechts und links beziehen sich immer auf die Bahnsteige vor dem Bahnhof. Also rechts ist Block 5 und links ist Block 6.

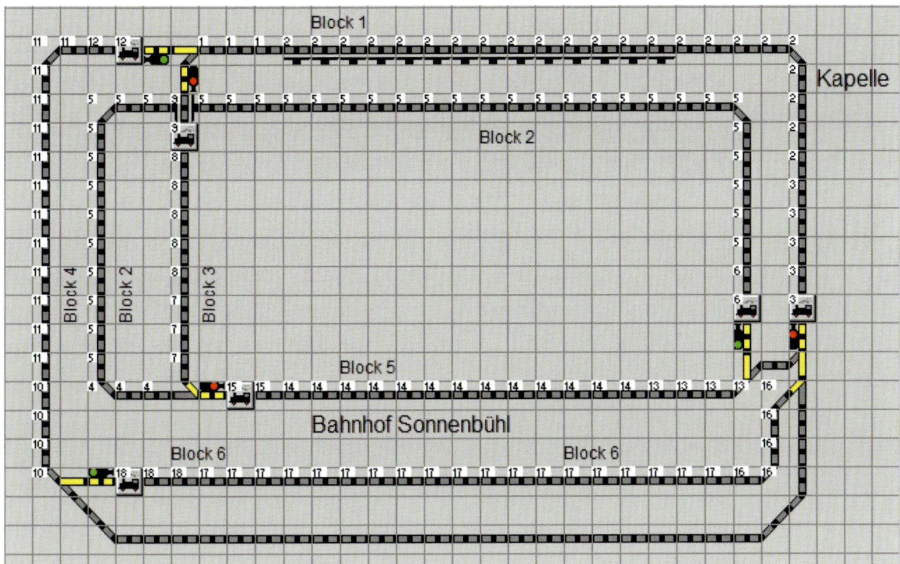

Abb. 4–24 *Um Fahrstraßen und Zugfahrten zu erstellen, ist die Kenntnis der Nummern der Rückmeldekontakte bzw. Gleisabschnitte wichtig.*

Sicherlich ist der Übergang von den Fahrstraßen zu den Zugfahrten eine immense Steigerung. Da kommt schon eine Menge Spielgefühl auf. Aber das ist ja noch nicht unser Ziel. Wir sind jedoch kurz davor.

Die Automatik

Was wir jetzt noch brauchen, ist eine Auflistung, welche Zugfahrten wir in die Automatik übernehmen wollen. Dazu benötigen wir den Zugfahrten-Automatik-Editor. Analog wie bei den vorhergehenden Editoren wird auch hier durch Klicken auf den Gleisplan eine Zugfahrt ausgewählt und in den Editor kopiert. So geht das recht zügig Zeile um Zeile. Die restlichen Spalten muss man fürs Erste nicht unbedingt ausfüllen, wenn man schnell zu einem vorläufigen Ergebnis kommen will.

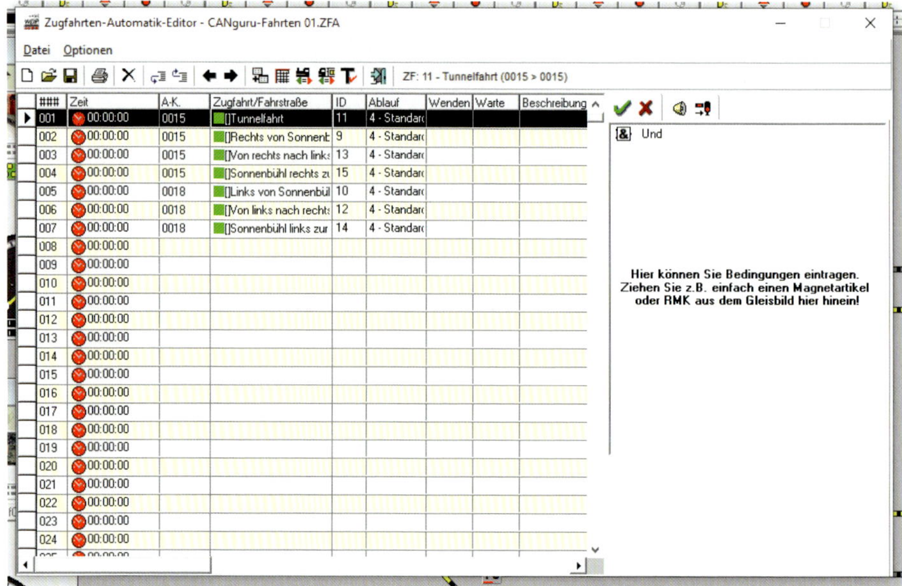

Abb. 4–25 *Jetzt sind wir kurz vor unserem Ziel. Wir müssen nur noch mit dem Zugfahrten-Automatik-Editor entscheiden, welche Zugfahrten in der Automatikfahrt aufgerufen werden sollen.*

Wenn alles in der Beschreibung vielleicht etwas hurtig ging, so bedenken Sie bitte, dass dieses Buch kein Ersatz für die Win-DigiPet-Anleitung darstellt. Nehmen Sie das einfach als Appetitanreger.

Ist dieser Schritt zufriedenstellend ausgeführt, kommen wir zum krönenden Abschluss. Wir starten die Zugfahrten-Automatik. Weil wir alle Vorarbeiten erledigt haben, gibt es hier nichts mehr zu tun, außer den Start-Knopf zu drücken. Auf dem Bildschirm erscheinen dann mehrere Fenster so oder so ähnlich wie im folgenden Screenshot.

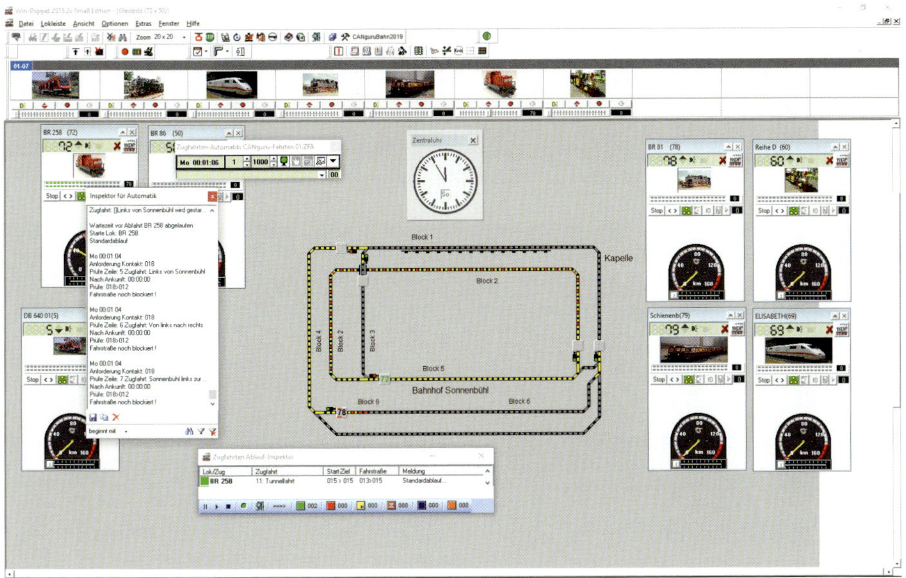

Abb. 4–26 *Wir haben unser Ziel erreicht! Die Loks fahren wie von Geisterhand gelenkt, nachdem vom System die Weichen gestellt und die Signale umgeschaltet wurden.*

Anschließend können wir uns genussvoll zurücklehnen und nach getaner Arbeit die Automatik arbeiten lassen und uns an den fahrenden Zügen erfreuen.

Stichwortverzeichnis

W

Z

Bücher für kreative Köpfe

Charles Platt

Make: Elektronik

Eine unterhaltsame Einführung für Maker, Kids und Bastler

Wer die Elektronik-Grundlagen auf originelle Weise und mit viel Spaß lernen möchte, der muss zu diesem Buch greifen. Von Anfang an führt Charles Platt Sie mit praktischen Beispielen in die große Elektronikwelt ein. Der Umgang mit Lötkolben und Multimeter wird dabei ebenso vermittelt wie die Programmierung eines Microcontrollers.

2., komplett überarbeitete Auflage 2017
472 Seiten, Broschur
€ 34,90 (D)
ISBN 978-3-86490-368-7

Simon Monk

Das Action-Buch für Maker

Bewegung, Licht und Sound mit Arduino und Raspberry Pi – Experimente und Projekte

Beginnend bei den Grundlagen bis hin zu immer größeren Herausforderungen führt Sie dieses Buch Schritt für Schritt durch Experimente und Projekte, die Ihnen zeigen, wie Sie Ihren Arduino oder Raspberry Pi dazu nutzen können, um Motoren, LEDs, Sound und andere Aktoren zu steuern.

2016, 360 Seiten
Broschur, € 29,90 (D)
ISBN 978-3-86490-385-4

Daniel Knox

Roboter selbst bauen

13 Bot-Anleitungen für Maker

Mit leicht erhältlichen Teilen bringt das Buch dem Leser grundlegende Kenntnisse der Elektronik und der Programmierung nahe. Lassen Sie Roboter laufen, zeichnen oder das selbstverursachte Chaos aufräumen. Auf dem Weg vom einfachen Pappkartonroboter zum mit Solarenergie betriebenen Bot wächst das eigene Elektronik-Know-how.

2018, 160 Seiten
Broschur, € 19,95 (D)
ISBN 978-3-86490-537-7

Thomas Bartoschek

Das senseBox-Buch

12 Projekte rund um Sensoren, Umwelt und IoT

Das Buch zum Bausatz stellt 15 spannende Projekte vor. Eigene Messgeräte für verschiedene Zwecke können mit wenig Aufwand gebaut und programmiert werden. Sensoren für die Messung von verschiedenen Umweltphänomenen ermöglichen ein kreatives Arbeiten an einer Vielzahl von Fragestellungen.

2019, 180 Seiten
Broschur, € 22,90 (D)
ISBN 978-3-86490-684-8

Rezensieren
Sie dieses Buch

Senden
Sie uns Ihre Rezension
unter **www.dpunkt.de/rez**

Erhalten
Sie Ihr Wunschbuch aus
unserem Verlagsangebot